图解
全自动麻将机维修

张新德　等 编著

化学工业出版社

·北京·

内容提要

本书采用彩色图解的方式全面系统地介绍了全自动麻将机（单口麻将机、四口麻将机、过山车麻将机、八口麻将机）维修技能及案例，内容包括新型全自动麻将机的结构与原理、元器件识别与检测、维保工具、维修方法和技能、不同类型的麻将机典型故障维修、维护保养等。本书内容遵循从零基础到技能提高的梯级学习模式，注重维修基础与实践相结合，彩色图解重点突出，对重要的知识点都附以视频解说，以提高读者的学习兴趣和效率，达到学以致用举一反三的目的。

本书适合全自动麻将机维修人员、保养人员、销售人员以及使用人员学习使用。

图书在版编目（CIP）数据

图解全自动麻将机维修一本通/张新德等编著. —北京：化学工业出版社，2020.8（2025.3 重印）
ISBN 978-7-122-36804-1

Ⅰ. ①图… Ⅱ. ①张… Ⅲ. ①麻将 - 自动化 - 体育器材-维修-图解 Ⅳ. ①TS952.97-64

中国版本图书馆 CIP 数据核字（2020）第 079154 号

责任编辑：徐卿华　李军亮　　装帧设计：关　飞
责任校对：张雨彤

出版发行：化学工业出版社（北京市东城区青年湖南街 13 号　邮政编码 100011）
印　　装：涿州市般润文化传播有限公司
710mm×1000mm　1/16　印张9¾　字数192千字　2025年 3 月北京第1版第6次印刷

购书咨询：010-64518888　　售后服务：010-64518899
网　　址：http://www.cip.com.cn
凡购买本书，如有缺损质量问题，本社销售中心负责调换。

定　　价：49.00 元

前 言

目前，全自动麻将机已逐渐进入寻常百姓家，商用全自动麻将机已遍及城乡社区的娱乐中心。全自动麻将机量多面广，其维修、保养的工作量非常之大，需要更多的维修和保养人员掌握熟练的维修保养技术。为此，我们组织编写了本书，以满足广大全自动麻将机维保人员的需要。希望该书的出版，能够帮助全自动麻将机维修保养技术人员、全自动麻将机企业的内培员工和售后维保人员提供帮助。

全书采用彩色图解和实物操作演练视频（书中插入了关键安装维修操作的小视频，扫书中二维码直接在手机上观看，解说普通话不标准，请以视频操作为准，敬请谅解），希望能给读者提供一个全新的、愉悦的学习体验，在愉快的阅读中学到新型全自动麻将机的维修保养知识和技能。

全书在内容的安排上，以新型全自动麻将机的结构组成和工作原理为重点，以维修技能为核心进行介绍，内容全面系统，着重维修演练，重点突出，形式新颖，图文并茂。本书用多载体方式承载了更多图书内容，以较少的篇幅表达了多方位、立体感的知识结构和学习体验，方便读者学后进行实修和保养操作。

本书所测数据，如未作特殊说明，均采用MF47型指针式万用表和DT9205A数字万用表测得。

本书由张新德等编著，刘淑华同志参加了本书内容的编写、插图和文字录入工作，同时张利平、张云坤、张泽宁等在资料收集、实物拍摄、图片处理上提供了支持。

由于水平有限，书中疏漏之处在所难免，恳请广大读者批评指正。

编著者

目录

第一章 全自动麻将机功能结构 / 1

第一节 全自动麻将机分类与功能 …… 1
第二节 全自动麻将机结构组成 …… 5
一、洗牌系统 …… 6
二、输送系统 …… 8
三、叠推系统 …… 9
四、升牌系统 …… 12
五、中心盘系统 …… 15
六、电路系统 …… 15
七、机架、外框和面板 …… 17

第二章 全自动麻将机工作原理 / 19

第一节 单口麻将机工作原理 …… 19
第二节 四口麻将机工作原理 …… 21
一、各类四口机工作原理 …… 21
二、四口麻将机各系统工作原理 …… 22
第三节 八口麻将机工作原理 …… 39
一、三层八口机工作原理 …… 41
二、四边升牌八口机工作原理 …… 42
三、立式升牌八口机工作原理 …… 44
第四节 过山车麻将机工作原理 …… 46
第五节 全自动麻将机拆装机 …… 50

第三章 全自动麻将机专用元器件的识别与检测 / 56

一、光控传感器的识别与检测 …… 56

二、磁控传感器的识别与检测 …… 59

三、拨码开关的识别与检测 …… 61

四、电动机的识别与检测 …… 63

五、电容的识别与检测 …… 65

六、霍尔元件的识别与检测 …… 68

七、晶闸管的识别与检测 …… 69

八、光耦合器的识别与检测 …… 72

九、压敏电阻的识别与检测 …… 73

十、贴片晶体管的识别与检测 …… 75

第四章 全自动麻将机维保工具使用 / 77

第一节　通用工具使用 …… 77

一、旋具和扳手 …… 77

二、镊子和钢尺 …… 78

第二节　专用工具使用 …… 80

一、电烙铁 …… 80

二、万用表 …… 81

三、热风拆焊台 …… 83

第五章 全自动麻将机维修方法与技能 / 85

第一节　维修方法 …… 85

一、感观法 …… 85

二、经验法 …… 86

三、代换法 …… 87

四、测试法 …… 88

五、拆除法 …… 91

六、人工干预法 …… 91

第二节　维修技能 …… 93

第六章 全自动麻将机故障检修 / 98

第一节 单口麻将机检修实例 …… 98

一、故障现象：单口麻将机最后几张牌吸不上来 …… 98

二、故障现象：单口麻将机机头卡牌 …… 98

三、故障现象：单口麻将机机头不能推牌 …… 99

四、故障现象：单口麻将机出现有时推单张牌 …… 100

五、故障现象：单口麻将机控制盘升降不畅 …… 100

六、故障现象：单口麻将机控制盘上理牌指示灯亮，但控制盘不能上升 …… 101

七、故障现象：单口麻将机链条电动机不转 …… 102

八、故障现象：单口麻将机链条电动机转动不停 …… 102

九、故障现象：单口麻将机链条走不动 …… 102

第二节 四口麻将机检修实例 …… 103

一、故障现象：四口麻将机按骰子键不能打骰子 …… 103

二、故障现象：四口麻将机通电并打开电源开关后，指示灯不亮，机器无任何反应 …… 105

三、故障现象：四口麻将机开机后，开关板上的电源指示灯亮，但控制盘上指示灯不亮 …… 106

四、故障现象：四口麻将机最后一张牌吸不上来 …… 107

五、故障现象：四口麻将机大盘不转动 …… 108

六、故障现象：四口麻将机大盘转动无力 …… 108

七、故障现象：四口麻将机不上牌 …… 110

八、故障现象：四口麻将机上牌速度慢 …… 111

九、故障现象：四口麻将机升牌板不停升降 …… 111

十、故障现象：四口麻将机升牌时有一方升不起来 …… 113

十一、故障现象：四口麻将机升降承牌板不能正常升降 …… 114

十二、故障现象：四口麻将机推牌板不能后退到位 …… 115

十三、故障现象：四口麻将机托牌板下降不到位 …… 116

十四、故障现象：四口麻将机进牌口输送电动机正反转失控 …… 117

十五、故障现象：四口麻将机输送带不能运转 …… 118

十六、故障现象：四口麻将机牌还没有洗完，输送电动机就反转 …… 119

十七、故障现象：四口麻将机推牌口卡牌 ……119
十八、故障现象：四口麻将机推牌头不推牌 ……119
十九、故障现象：四口麻将机推牌头不停推牌 ……120
二十、故障现象：四口麻将机某一方推单张牌 ……122
二十一、故障现象：四口麻将机中心升降控制盘不停升降 ……123
二十二、故障现象：四口麻将机操作盘理牌指示灯亮，
但按升降键操作盘无反应 ……124
二十三、故障现象：四口麻将机各方上牌数与设定的
挡位牌数不符 ……124
第三节 过山车麻将机检修实例……125
一、故障现象：过山车麻将机机头不停地推 ……125
二、故障现象：过山车麻将机机头不动 ……126
三、故障现象：过山车麻将机机头不推牌 ……126
四、故障现象：过山车麻将机有一方上单张牌 ……127
五、故障现象：过山车麻将机中心升降控制盘升降不停，
控制盘上显示代码7 ……128
六、故障现象：过山车麻将机按键后中心控制盘不升降，
四方骰子灯同时亮起，控制盘上显示代码7 ……129
七、故障现象：过山车麻将机拉牌头推不停，控制盘显示代码2 ……130
八、故障现象：过山车麻将机牌洗好后，麻将牌从铝条上
拉不上来，控制盘显示代码2 ……131
九、故障现象：过山车麻将机洗牌时，大盘不转动，
操作盘显示代码6 ……132
十、故障现象：过山车麻将机吸牌轮不转 ……133
十一、故障现象：过山车麻将机输送电动机时而反转，时而正转 ……133
十二、故障现象：过山车麻将机有一方升牌板卡住，
控制盘显示代码3 ……134
十三、故障现象：过山车麻将机开机后四方都不能上牌，
升牌板抖动，控制盘上显示代码3 ……135
第四节 八口麻将机检修实例……136
一、故障现象：八口麻将机推牌头不停推牌 ……136
二、故障现象：八口麻将机推牌头无推牌动作 ……136
三、故障现象：八口麻将机推三张牌时却只推一张或两张牌 ……136

四、故障现象：八口麻将机升牌时有一方无反应 ……………………137
五、故障现象：八口麻将机承牌板下降不到位 ……………………138
六、故障现象：八口麻将机承牌板上升时顶面板 ……………………138
七、故障现象：八口麻将机承牌板上下运动不停 ……………………138
八、故障现象：八口麻将机吸牌轮不转 ……………………139
九、故障现象：八口麻将机输送带不转 ……………………139
十、故障现象：八口麻将机还没有洗完牌，输送电动机就反转 ………139
十一、故障现象：八口麻将机中心控制盘不停升降 ……………………140
十二、故障现象：八口麻将机中心控制盘升降不升 ……………………140
十三、故障现象：八口麻将机按动按钮，骰子不转动 ……………………140
十四、故障现象：八口麻将机上牌速度慢 ……………………141
十五、故障现象：八口麻将机洗牌过慢 ……………………142

第七章 全自动麻将机维护保养 / 143

第一节 日常养护 ……………………143
一、麻将机的安装与摆放 ……………………143
二、麻将机的日常保养 ……………………143
三、日常保养注意事项 ……………………144
第二节 专项保养 ……………………144

附 录 / 145

附录一 麻将机选购参考 ……………………145
附录二 麻将机维修资料参考 ……………………147
一、单口麻将机故障报警表 ……………………147
二、普通麻将机数码管显示代码 ……………………147
三、四口麻将机数码显示故障报警表 ……………………148
四、麻将机通用故障报警表 ……………………148

第一章

全自动麻将机功能结构

第一节　全自动麻将机分类与功能

现在的麻将牌大多采用环保耐用带磁的新型塑料或蜜胺材料，并且麻将牌的规格（以麻将牌的高度+1来标号）很多，如图1–1所示为新型麻将牌材质、牌数、牌号、尺寸及适用地区的关系图。

最初的单口麻将机如图1–2所示，目前使用最多的四口麻将机如图1–3所示，技术成熟的过山车麻将机如图1–4所示，最新的免抓牌八口麻将机如图1–5所示，全自动麻将机技术在不断地改良并发展成熟。

以上四种麻将机是按麻将机的推牌方式分类的，其中单口机就是只有一个推牌口的麻将机，一个推牌口将麻将牌通过输送链条依次送到四个方向，因为要从一个口向四个方向沿弧形轨道依次上牌（一个方向的牌满了，再沿轨道推到一个方向），所以上牌速度较慢，一般需要2 min左右才能完成上牌动作，且故障率较高，单口麻将机现在已基本被淘汰。

四口麻将机是目前全自动麻将机的主流产品，它是有四个推牌口（机头）的麻将机，不需要长长的弧形轨道，也不需要输送链条，四个推送口同时上牌，上牌速度较快，一般18~35 s可以完成上牌动作，且故障率较低。

过山车麻将机是在四口机的基础上发明的，由于四口麻将机最多的故障是卡牌和顶台面，而引起这一故障是由于结构的原因，也就是说由于承牌板的存在,承牌板不平等结构问题无法克服而出现此类故障。过山车麻将机的设计思路就是变革四口机承牌机构、取消承牌板，麻将牌通过四个推牌口进入四个方向的上牌机构后，通过拉牌电动机如同过山车一样将麻将牌在轨道上推动，麻将牌直接被推出桌面并升起，如图1–6所示为过山车麻将机无承牌板视图。过山车麻将机不再使用承牌板承牌，从而难以出现承牌板和升牌板的故障，卡牌和顶台面故障大大降

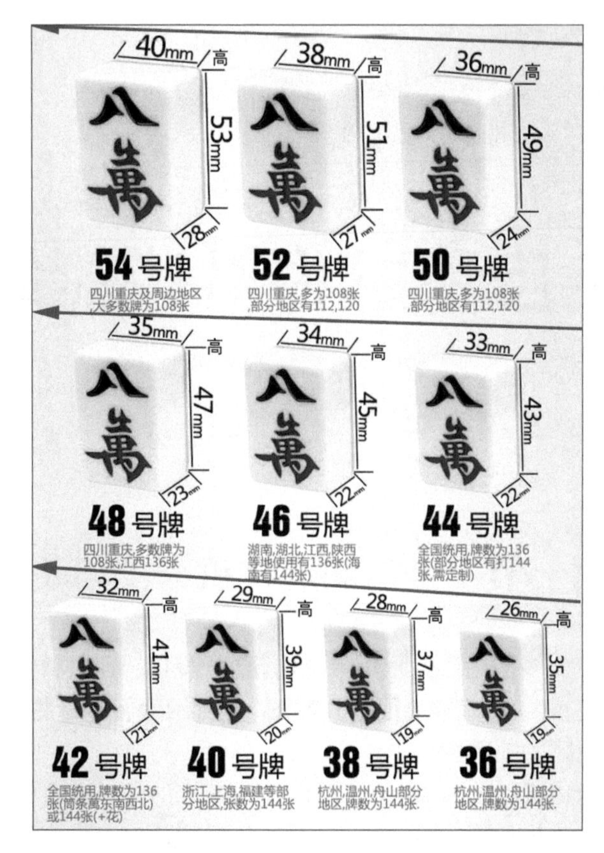

图1-1　新型麻将牌材质、牌数、牌号、尺寸及适用地区的关系图

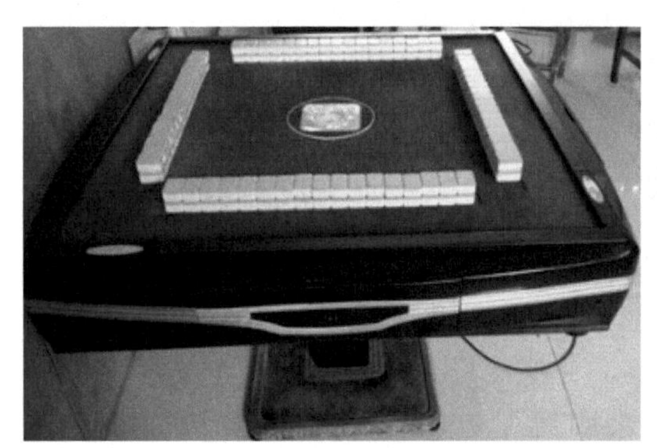

图1-2　单口麻将机

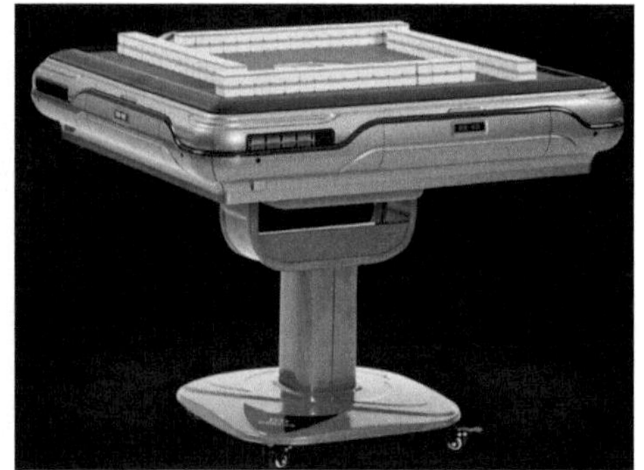

图1-3　四口麻将机

低，甚至消失。过山车麻将机的上牌速度比四口机稍快点，具有上牌速度快、故障率低的特点。

八口机：八口机就是不用抓牌的麻将机，免抓牌，麻将机直接将玩家要抓的上手牌也上到了桌面上，实现上牌即打，打牌的速度更快，效率更高。八口机上牌方

图1-4　过山车麻将机

图1-5　免抓牌八口麻将机

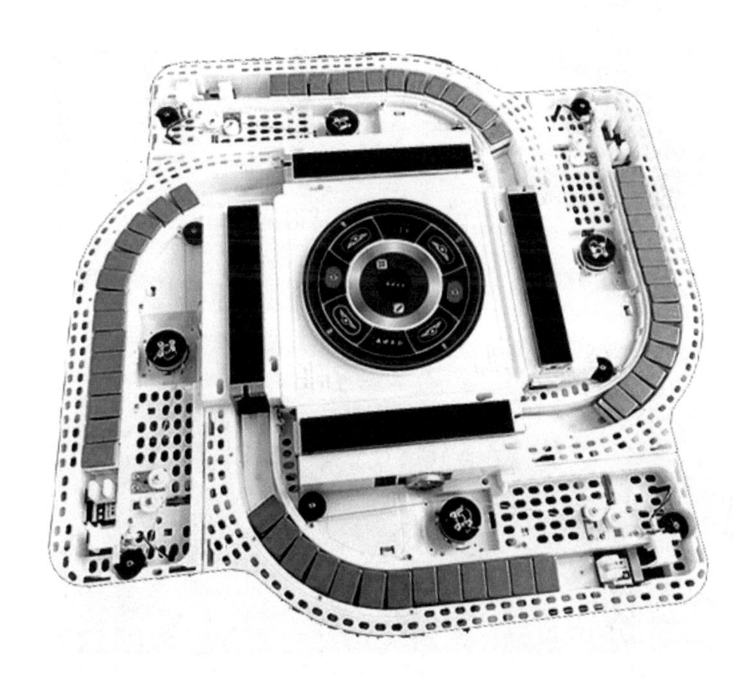

图1-6　过山车麻将机无承牌板视图

式有多种，一种是与四口机类似，先上二层牌，再在同一口的外侧上直立的上手牌，玩家不用抓牌，直接可看到自己应该抓的牌；一种是同时上三层牌，最后一层为上手的牌，手动拿开上面二层底牌，剩下的一层为上手的牌；还有一种是先上二层底牌，玩家推开这二层底牌，第三层上手的牌立即自动上来。不管是哪一种上牌方式，八口机采用了四口二次上牌和八口动态上牌技术，上牌速度更快，实现了自动洗牌、理牌、翻牌一次到位的功能，一次上牌时间只要25 s左右。

麻将机按外形分类，又可分为超薄机、钢琴机、一体机、折叠机、三角麻将机几种。其中超薄机（如图1-7所示）具有外形轻薄、小巧玲珑、精巧时尚的特点，并具有双核系统和两套主程序系统，当其中一路系统发生故障时，系统会自动转换到备用系统。钢琴机（如图1–8所示）是指其四个边框具有钢琴的外形，看起来更高档豪华。一体机（如图1–9所示）则是将餐桌与麻将机合二为一，既可当麻将机使用，也可当餐桌使用，具有较强的实用性，占据了家庭麻将机的主流。折叠机（如图1–10所示）就是桌面可45° 角旋转，可以与底脚折叠在一起，能够最大程度地节省空间，在小空间中使用更为方便。三角麻将机（如图1–11所示，又称三人麻将机）就是供三个人玩的麻将机，只有三边出牌，特别适合三缺一的场合。

图1–7　超薄机

图1–8　钢琴机

图1–9　一体机

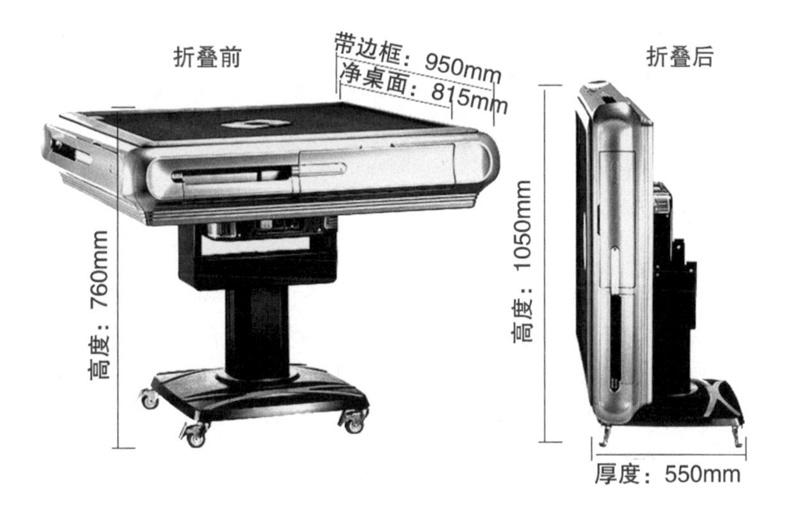

图1-10　折叠机

图1-11　三角麻将机

第二节　全自动麻将机结构组成

不同类别的全自动麻将机的结构组成大同小异，一口机、四口机、八口机的结构组成类似，过出车的结构则差别较大。一口机到八口机，其基本结构组成主要包括中心骰子盘（又称色子盘）、洗牌大盘、输送牌组件、机头（又称推牌头、叠牌头）组件、升牌组件（又称升降组件、承牌组件）、翻牌组件、电脑板、外壳等部分。过山车麻将机除中心骰子盘（又称色子盘）、洗牌大盘、输送牌组件、机头（又称推牌头、叠牌头、叠推系统）组件、电脑板、外壳相同之外，还多了个拉牌组件和半升降组件，它没有几口机那样的升牌组件，而是像过山车那样将牌直接拉出。

不管是哪一种麻将机，其核心结构组成均包括洗牌、输送、叠推、升牌、中心骰子系统、电路系统、机架及外框七大系统，不同的麻将机还可能有额外的工作系统或个性化的工作系统。下面我们详细介绍麻将机核心系统的结构组成。

一、洗牌系统

洗牌系统主要包括大盘、升降管套、刮牌条（俗称刮牌弹簧、拨牌条、拨牌杆、拨杆条子、拨条、弹簧）、翻牌挡（又称牛筋块、牛筋条、牛筋胶带）、刮牌座（俗称弹簧座）、消音孔、大盘齿轮和大盘电动机等部件。如图1-12所示为洗牌大盘正上方的部件，如图1-13所示为大盘背部结构，如图1-14所示为大盘下方部件，如图1-15所示为大盘下方的大盘电动机。大盘电动机（俗称06电动机）是洗牌系统的核心部件，一般转速为30 r/min，如图1-16所示为通用大盘电动机参数图。大盘电动机不是安装在大盘的正中心，所以只能通过齿轮驱动大盘旋转。拆解大盘可扫码看视频。

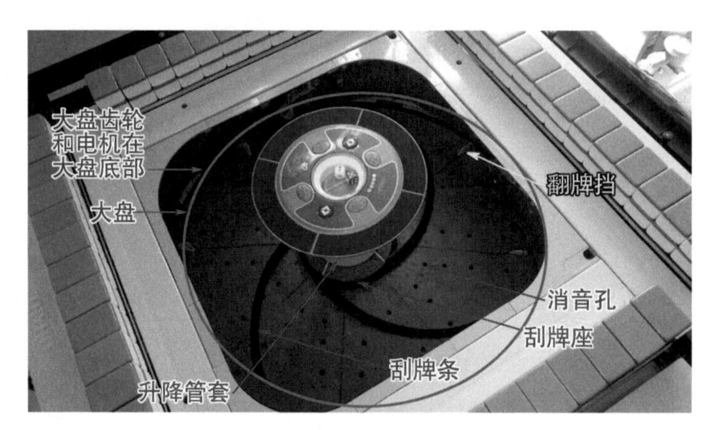

图1-12　洗牌大盘正上方的部件

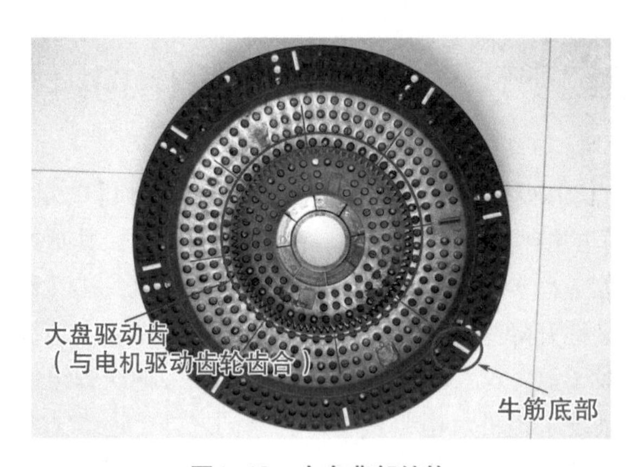

图1-13　大盘背部结构

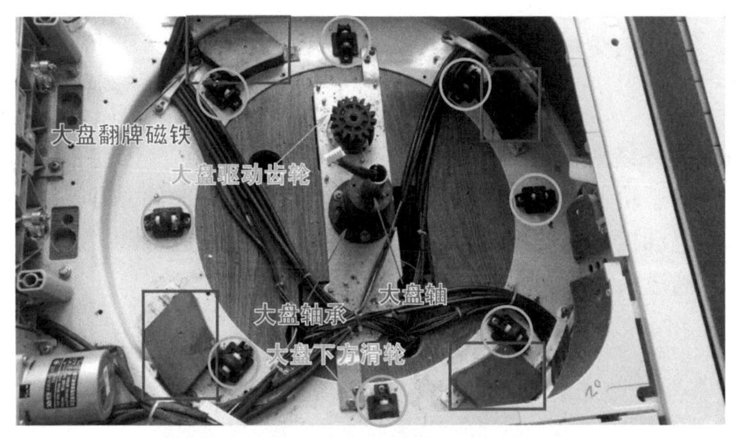

图1-14　大盘下方部件

图1-15　大盘电动机

图1-16　通用大盘电动机参数图

二、输送系统

麻将机输送系统是一个磁力吸牌（又称吸牌磁铁）、传动带传输（又称同步带）、轨道滑动的组合系统，主要包括三大部件，即输送电动机（俗称04电动机）、吸牌磁轮（又称吸牌轮）和输送传动带，如图1-17所示。拆输送系统可扫码看视频。

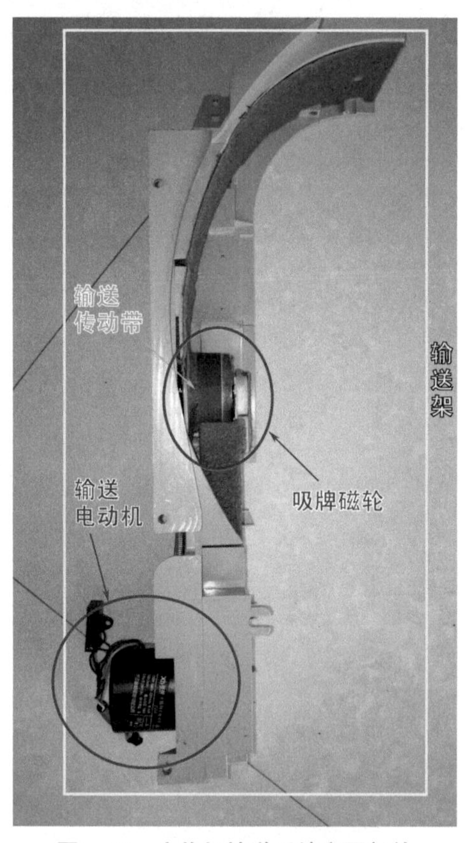

图1-17　麻将机输送系统主要部件

该系统通过送牌传动带将麻将机送到机头，从洗牌盘上吸上来的牌，通过吸牌出口送出，输送电动机是该系统的核心部件，该电动机属于110V交流电动机，需要运行电容，电动机转速约为130r/min。与其他电动机不同的是，该电动机的插接器为三线插接器，如图1-18所示。一般的电动机为二线插接器，因为输送电动机需要反转，当机头的计数器检测到叠牌数已达到要求的墩数，但吸到传动带上的牌过多时，则电脑板控制输送电动机立即反转，将传动带上多余的牌返回到洗牌盘中，供其他吸牌口吸入，所以输送电动机有三根线，一根是用来控制反向旋转的。

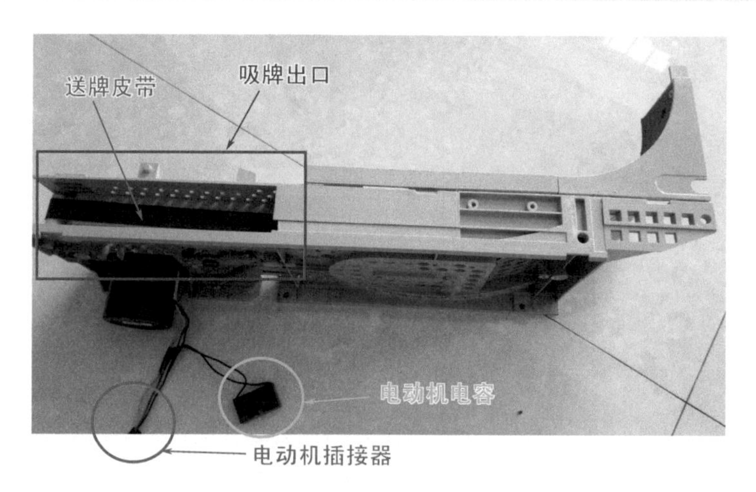

图1-18　输送电动机三线插接器

输送系统还有一个关键部件，就是传动带胀紧组件，输送传动带不能太松，也不能太紧，否则输送系统不能正常工作。传动带胀紧组件包括胀紧弹簧、胀紧杠杆（又称胀紧杆）和胀紧轮轴三部分，如图1-19所示。

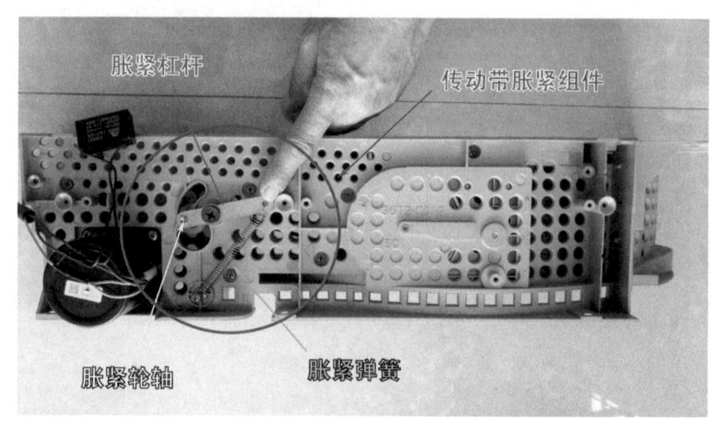

图1-19　传动带胀紧组件

输送支架内边缘与洗牌大盘之间的空隙（如图1-20所示）不能过大也不能过小，当麻将牌经过该空隙时，正常情况下平放麻将是可以顺利通过的，侧放麻将则不能通过。若出现卡子现象，则说明该间隙过大或过小，应在输送支架下加垫圈或在大盘底部滚轮下加垫圈来调整。

三、叠推系统

叠推系统包括叠牌系统和推牌系统，是麻将机的重要系统，俗称机头。有些机

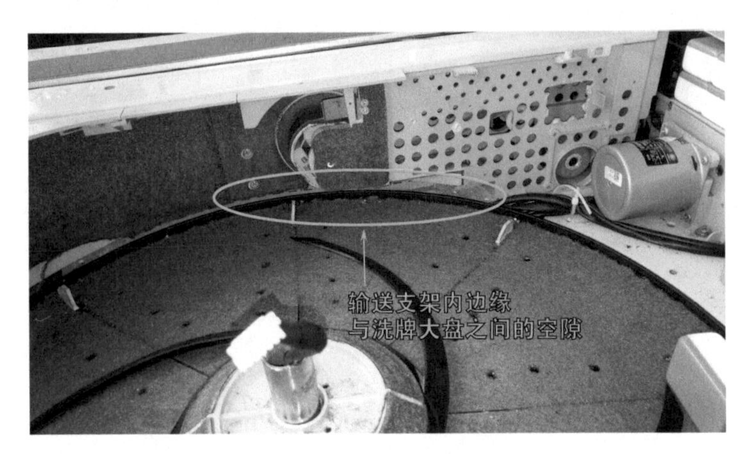

图1-20　输送支架内边缘与洗牌大盘之间的空隙

头不带叠牌功能，大多数机头带叠牌和推牌双功能。叠推系统主要包括光控计数器、机头磁控（俗称限位开关）和机头三大部件，如图1-21所示。

图1-21　叠推系统

其中光控计数器安装在输送系统与叠推系统之间，由光控板和光控支架（又称光眼座）组成，如图1-22所示。用来对输送系统送来的麻将牌进行计数，当麻将桌一方的计数满了，则机头停止工作，输送系统反向旋转，将多余的麻将退回洗牌盘中。

机头磁控是插在机头里面的一块磁控板，用来检测机头推动的运行状况。磁控板上有两个霍尔传感器，机头内部凸轮上装有定位磁点。机头磁控是机头的传感装置，如图1-23所示。拆卸机头可扫码看视频。

1-3拆卸机头

机头是叠推系统的重要机械部件，包括机头电动机（又称01电动机、叠推电动机）、机头推头、机头承牌座等部件，机头电动机提供动力源，机头电动机的转速一般为60r/min，为110V电容式交流同步电动

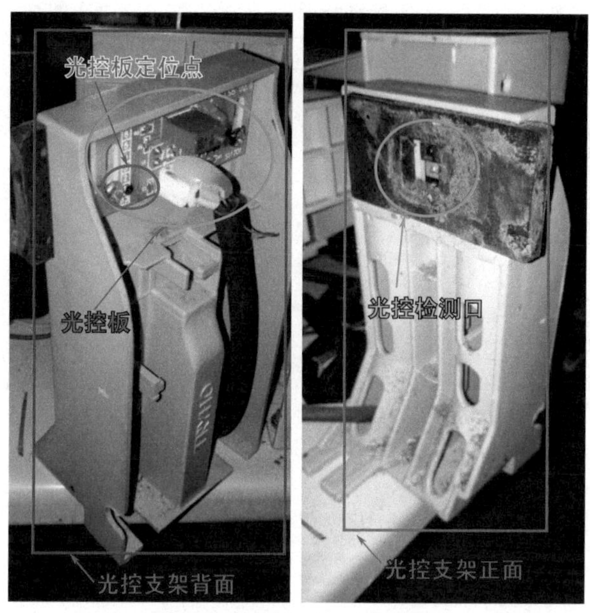

图1-22　光控板与光控支架

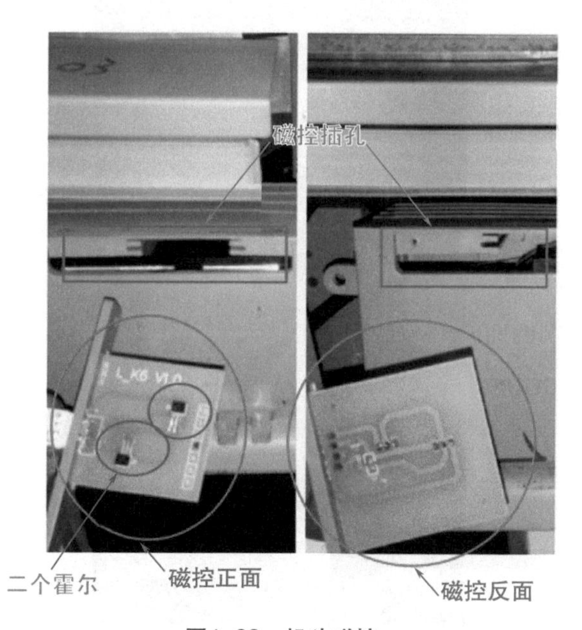

图1-23　机头磁控

机，接插器为2线接插器。机头承牌座是用来升降并叠放麻将牌的，机头推头是推动叠好的麻将牌的，如图1-24所示。机头内部拆解可扫码看视频。

1-4拆解机头

图1-24　机头组成

机头推头上有个定位螺钉，当机头推动位置不正确时，通过调节该螺钉可以调节推头的位置，如图1-25所示。

图1-25　机头推头的定位螺钉

四、升牌系统

升牌系统包括推牌和升牌二大功能组件，是将机头送来的麻将牌先推到升牌条（又称升降板、升牌板、升牌铝条、托牌板、托牌铝条，如图1-26所示）上，再由升降牌条将牌升出到桌面。升牌系统包括升牌电动机（俗称03电动机）、升牌板、伞形齿轮（又称伞齿）、推牌机构、升牌磁控（俗称限位开关）、升牌曲柄（又称升牌摇臂）等部件。其核心部件为升牌电动机，它是110V、约20r/min的电容式同步交流电动机，该类电动机轴均不在中心，因为电动机内部带有减速机构。麻将牌升牌过程可扫码看视频。

1-5升牌

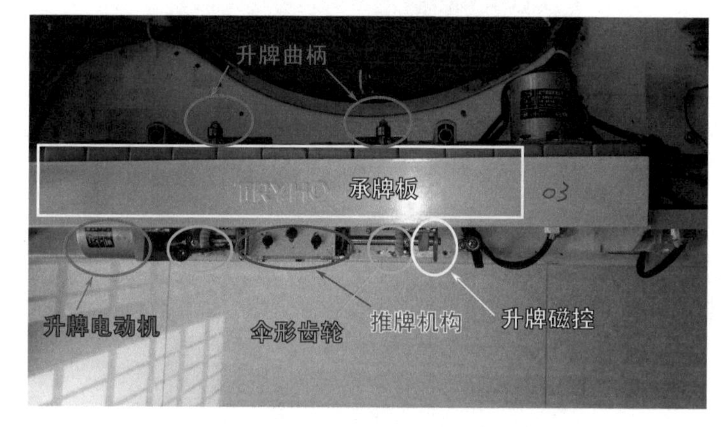

图1-26　升牌系统

升牌磁控是控制升牌电动机转动的磁控部件，由带有霍尔元件的磁控板和随电动机轴转动的圆盘（又称信号盘、限位盘、限位开关）组成，圆盘上有磁粒（又称磁钢）。如图1-27所示，升牌磁控的作用是控制升牌电动机按程序转动与停止，磁粒通过磁控板上的霍尔元件时，磁控板上的指示灯会点亮。升牌磁控的工作过程可扫码看视频。

1-6升牌磁控的工作过程

图1-27　升牌磁控

与升牌电动机轴、升牌长轴连在一起的还有一个推牌凸轮，推牌凸轮推动大摇臂（如图1–28所示），大摇臂再推动推牌杆组件，它的作用是将承牌槽内的麻将牌一次性从承牌板内的承牌槽里推到升牌铝条上，图1–29所示为推牌机构实物图，供升牌铝条上升到桌面。

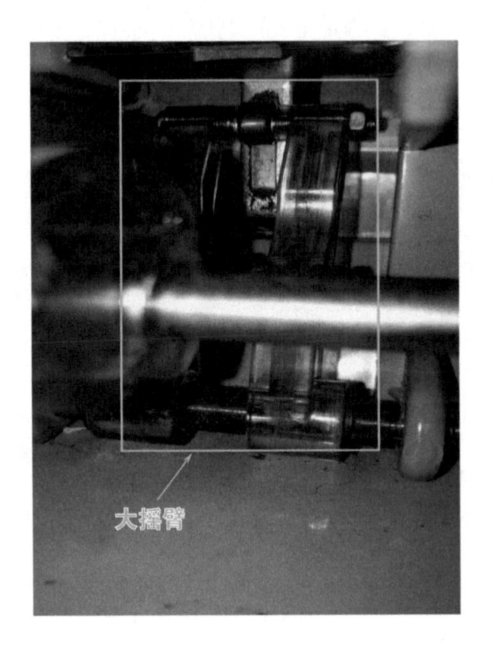

图1–28　大摇臂

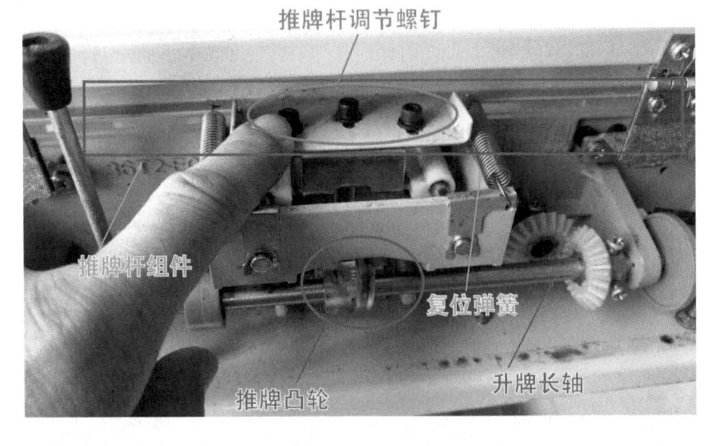

图1–29　推牌机构

升牌铝条是依靠升牌长轴带动伞齿，伞齿带动升牌曲轴将升牌铝板升到桌面上。

五、中心盘系统

中心盘系统包括中心盘升降系统和骰子盘（又称色子盘）操作系统，中心盘升降系统主要由中心升降电动机（俗称07电动机）、升降管（又称升降中心管、升降圆管）、升降管复位弹簧（又称升降弹簧、升降拉簧）、升降磁控、升降驱动轮（又称偏心轮、升降电动机驱动轮）、升降杠杆（又称升降摇臂、升降拨杆）等组成，如图1–30所示。中心杆升降过程可扫码看视频。

1–7中心盘
升降系统

图1–30　中心盘升降系统

骰子盘操作系统是整个麻将机的操作系统，麻将机的使用操作均在该操作系统中完成。骰子盘（又称色子盘）操作系统主要由骰子盘与电脑板之间的插接器、骰子电动机、按键电路板等组成，如图1–31所示为骰子盘内部组成，如图1–32所示为骰子盘外部组成，包括骰子按键、骰子腔、升降按键、工作指示灯等，新型麻将机还有液晶显示器，用来显示麻将机的工作状态。

六、电路系统

麻将机的电路系统主要包括电脑板和各传感器电路以及前面介绍的骰子盘电路，传感器电路将各光控板和磁控板的信号自动输送给电脑板，骰子盘电路则是将人机对话信号传送给电脑板，各种信号送到电脑板后，由电脑板处理后，送到执行机构。所以，电脑板是麻将机的核心电路系，电脑板主要由电动机电源电路、主板电源电路、主芯片、电源电路、电动机驱动电路、各电动机插接器、各传感器插接器、升降插接器、操作盘插接器等组成，如图1–33所示。图1–34为电脑板背面图。

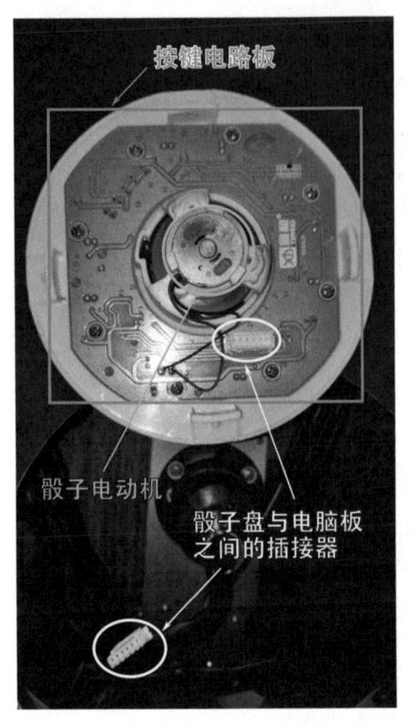

图1-31　骰子盘内部组成

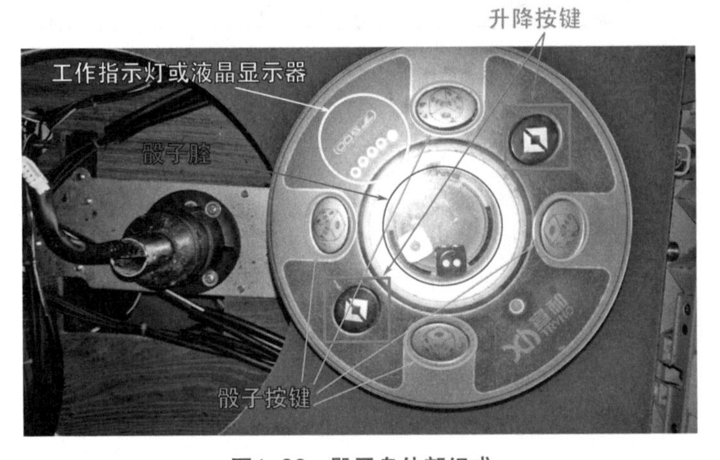

图1-32　骰子盘外部组成

麻将机电脑板上的接口特别多，不同的麻将机，其接口类别不尽相同，有的按麻将机的方位划分接口，将同一方位的接口归集到一个插接器；有的按麻将机的接口功能划分，将同一功能的接口归集到一个插接器。不管是哪一种，其电脑板的组成基本类似，只是接口布线不同而已。

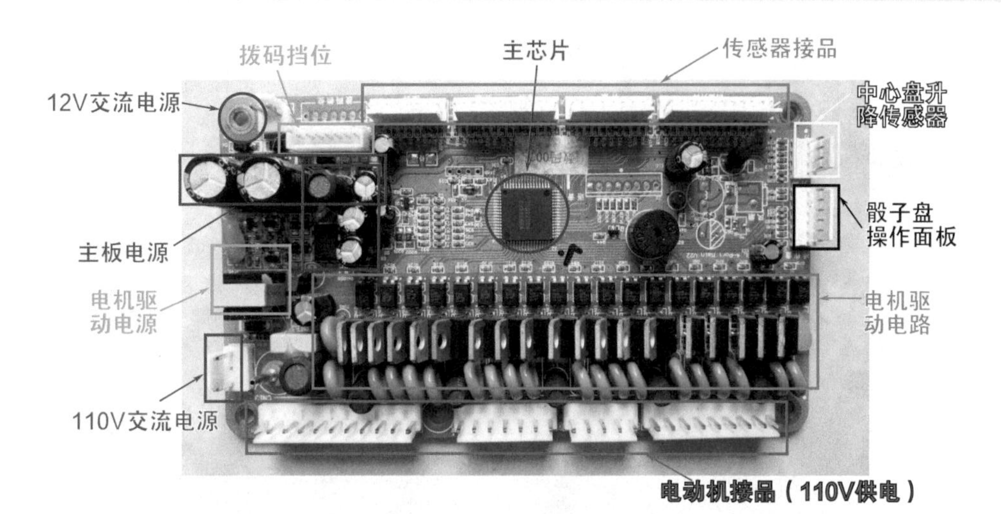

图1-33 电脑板组成

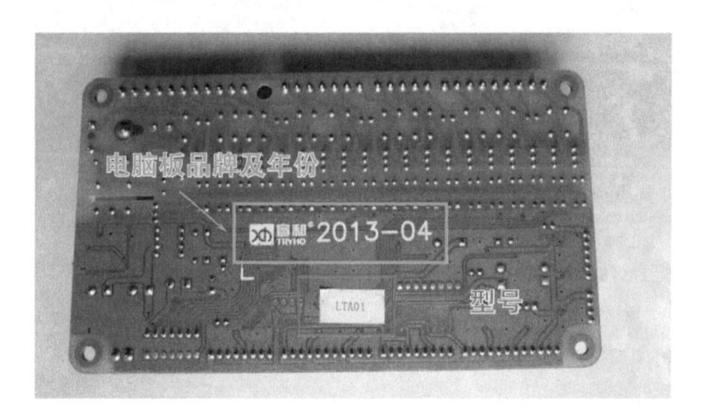

图1-34 电脑板背面

七、机架、外框和面板

机架是用来支撑和安放麻将机运行部件的承重部分，一般是金属部件，外框是麻将机的外围装饰部件，一般是塑料或木质。如图1-35所示，麻将机主要由机座、机架、外框和面板等组成。机架在机座之上，外框在机架之外。

面板是麻将机人机操作的平台，麻将机将麻将送出面板后，供人们在面板上玩麻将，面板上贴有各种绒布，如图1-36所示。这些绒布一方面用来装饰面板，一方面用来消除或减少麻将操作的噪声，绒布是可清洗和置换的。

图1-35　机架及外框

图1-36　麻将机面板

第二章

全自动麻将机工作原理

第一节　单口麻将机工作原理

单口麻将机叠牌口只有一个，但出牌口有四个，单口机的叠牌口送出的麻将牌通过链条上的推牌杆推动麻将在走牌轨道上移动，由链条杆底端白色塑料件与链条传感器相互配合控制链条电动机的启动与停止，从而准确地将麻将牌分别送到四个出牌口，所以从出牌口上是看不出是单口机还是四口机，只不过单口机只有一个叠牌口，如图2-1所示为单口机结构原理图，由于单口机只有一个叠牌口，单口机的出牌速度比四口机要慢得多。

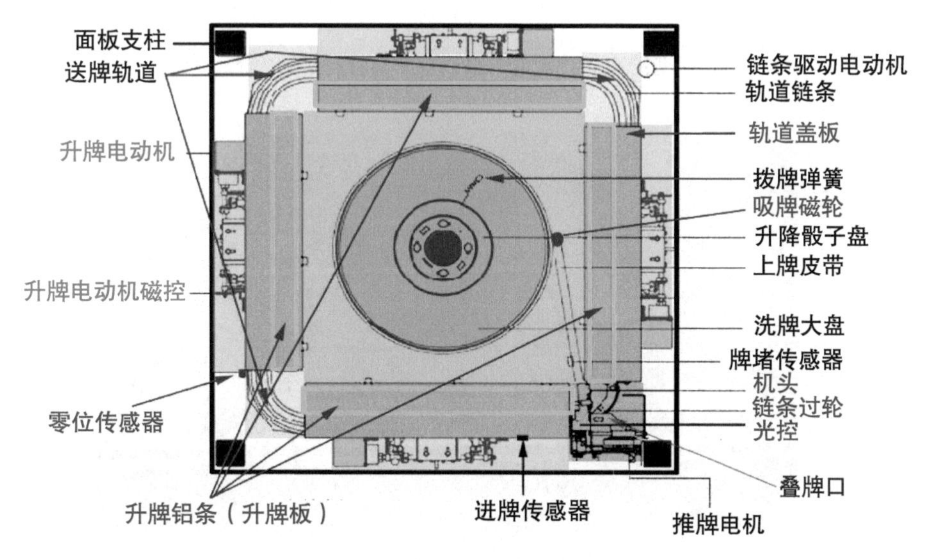

图2-1　单口机结构原理图

单口麻将机的工作原理：带磁性的麻将牌经过洗牌大盘搅拌后，通过大盘的旋转和拨牌弹簧的拨动，以及大盘底部翻牌磁铁的作用，在大盘内自动将麻将牌的正面向上（如图2-2所示），再通过送牌磁轮吸住麻将牌的正面。此时，麻将牌就变成了背面向上（如图2-3所示），麻将牌通过剪刀槽送入上牌传动带。机头检测到上牌传动带送来的麻将牌后，将麻将牌每二张叠成一墩，送入升牌系统。机头光控具有计数的功能，当一方的墩数达到设定值后，链条系统将多余的麻将推到另一个方位，当另一个方位墩数达到设定值时，链条系统再将多余的麻将推到下一个方位，以此类推，直到四个方位的麻将数量均达到设定值后，则表示洗牌完毕。

图2-2　在大盘内自动将麻将牌的正面向上

图2-3　麻将牌就变成了背面向上

洗牌完毕之后，当玩牌人按下中心骰子盘的“升/降”按钮，中心骰子盘升起，玩牌人将桌面上打完的麻将牌推入洗牌池，再按“升/降”按钮，中心骰子盘降下，四周的升牌铝条升起，将事先已叠好的麻将牌升到桌面。与此同时，已进入洗牌池的备用麻将开始随大盘旋转而自动洗牌，并在洗完牌后，自动进入升牌承牌条上，以备下一轮使用。

单口机的洗牌大盘是一边高一边低的，也就是说向一边倾斜的，便于吸盘轮吸牌。单口机各电动机的转速也有一定的规律。机头电动机（01电动机）一般为99r/min，输送电动机（又称04电动机）一般为150r/min，链条电动机（02电动机）一般为15r/min，升降电动机（03电动机）一般为25r/min，大盘电动机（06电动机）一般为1500r/min。当然不同的麻将机品牌，各电动机的转速有少许差异。

第二节　四口麻将机工作原理

一、各类四口机工作原理

四口麻将机是目前使用量最多的麻将机，是在单口机上优化而来的麻将机，分为六电动机四口机、十电动机四口机和十四电动机四口机三种。六个电动机的分别是一个大盘电动机、一个中心升降电动机和四个四方电动机，也就是说，输送、叠牌、升降共用了一个四方电动机，从而减少了电动机的数量，降低了成本；十电动机分别是一个大盘电动机、一个中心升降电动机、四个四方升降电动机和四个机头电动机，大盘电动机同时兼顾四方输送电动机的功能；十四电动机的分别是一个大盘电动机、一个中心升降电动机、四个四方升降电动机、四个四方输送电动机和四个四方叠牌电动机（又称01电动机）。不管是多少电动机的四口机，只是所用的电动机数量不同，其他功能模块是类似的。也就是说，六电动机和十电动机的四口机，其功能电动机存在共用的情况，而只有十四电动机的四口麻将机的功能电动机是独立工作的，所以十四电动机四口机性能稳定，质量更可靠，但四口机的工作原理是类似的。

六电动机四口机的工作原理：麻将牌放入洗牌大盘上，通过大盘下面的磁铁和拨牌弹簧将麻将牌翻成正面向上，背面向下。大盘旋转的过程中，把麻将牌传送到输送口，再通过输送口上吸牌轮的磁铁将麻将牌吸上，此时四方电动机动作，依次将麻将牌输送到叠牌口上，再将叠好的牌升到桌面上。六口机的最大特点是四方电动机同时兼顾输送、叠牌和升降组件的动力，省去了八个电动机。

十电动机四口机的工作原理：麻将牌放入洗牌大盘上，通过大盘下面的磁铁和拨牌弹簧将麻将牌翻成正面向上，背面向下。大盘旋转的过程中，把麻将牌传送到输送口，再通过输送口上吸牌轮的磁铁将麻将牌吸上。此时，大盘电动机带动输送组件把麻将牌输送到叠牌口上，通过叠牌电动机将麻将牌推到升降组件的承牌座（也称主立板）上，当各方麻将的墩数满后，升降电动机将升降铝条升到桌面上。十电动机四口机的最大特点是由大盘电动机同时兼顾四个输送电动机的功能，因此省去了四个输送电动机。

十四电动机四口机的工作原理：麻将牌放入洗牌大盘上，通过大盘下面的磁铁和拨牌弹簧将麻将牌翻成正面向上，背面向下。大盘旋转的过程中，把麻将牌传送到输送口，再通过输送口上吸牌轮的磁铁将麻将牌吸上。在大盘旋转的过程中，输送电动机也在同时工作，也就是说边洗牌边输送，输送电动机带动输送组件将麻将牌输送到叠牌口上，通过叠牌电动机将麻将牌推到升降组件的承牌座上，当一方麻将的墩数满后，输送电动机反转，将多余的麻将牌退回到洗牌池内供其他方输送，等四方麻将均满后，大盘电动机、输送电动机和叠牌电动机均停止工作。当用户发出升牌指令时，升降电动机开始工作，将升降铝条升到桌面上。十四电动机四口机的最大特点是各功能组件均有独立的电动机带驱动，没有电动机共用现象，因而工作过程更稳定，麻将机的质量更可靠。

四口机各电动机的转速也有一定的规律:机头电动机（01电动机）一般为60 r/min，输送电动机（04电动机）一般为130 r/min，大盘电动机（06电动机）一般为1300 r/min，升降电动机（03电动机）一般为25 r/min。当然不同的麻将机品牌，各电动机的转速有少许差异。

二、四口麻将机各系统工作原理

（一）洗牌系统工作原理

洗牌系统要完成两大功能，第一大功能就是要将麻将牌的正反面统一为正面向上，以便吸牌轮吸住麻将牌的正面。它是利用大盘底部的四块强力磁铁（如图2-4所示）吸住麻将牌的背面，强力磁铁与麻将牌磁铁背面的磁力是相吸的，而与正面的磁力是相斥的。利用这一原理，当麻将牌经过磁铁上部时，由于大盘的旋转和挡块的作用，使背面向上的麻将牌翻个跟斗，变成正面向上。翻牌过程可扫码看视频。

2-1翻牌

第二大功能就是打乱麻将牌的顺序，将牌洗乱。完成这一功能，要利用大盘的旋转和拨牌弹簧的搅拌将麻将牌的顺序打乱。大盘旋转是由大盘电动机驱动轮与

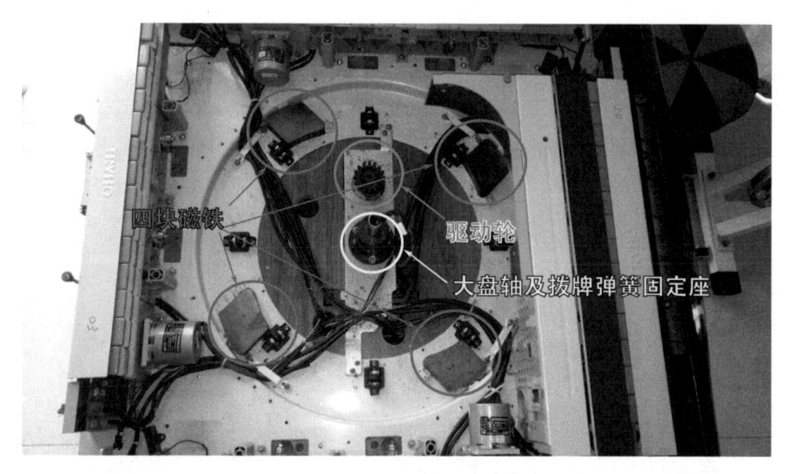

图2-4　大盘底部的四块强力磁铁

大盘底部的内齿啮合，从而驱动大盘旋转的，如图2-5所示。大盘旋转时，大盘上的拨牌弹簧是不转动的，相对大盘来说，拨牌弹簧则是转动的，大盘上的挡块（牛筋块）是与大盘构成一个整体，大盘转动，大盘上的挡块也跟着转动。因此，大盘、挡块与拨牌弹簧之间就形成了相对运动，从而可将大盘上麻将牌的顺序打乱并翻转麻将牌。洗牌过程可扫码看视频。

2-2洗牌

图2-5　大盘电动机驱动轮与大盘底部的内齿啮合

（二）送牌系统工作原理

送牌就是将麻将牌从洗牌池送到叠牌口，四口机有四个送牌机构，每个方位一个，每一个送牌机构有一个送牌电动机、吸牌磁轮和一根送牌传动带，如图2-6所示。吸牌磁轮负责吸住洗牌池中的麻将牌，送牌电动机负责提供送牌传动带运行的动力，送牌传动带负责承载麻将牌的重量，将麻将牌从洗牌池运送到叠牌口。

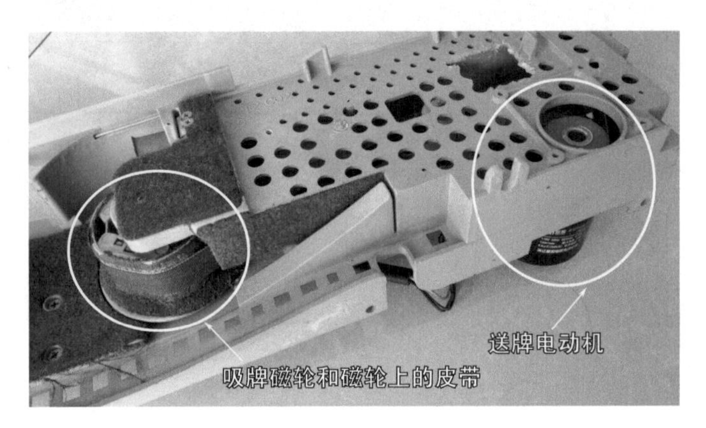

图2-6 送牌机构

吸牌磁轮成三角形，三角形上的每一边上有一块磁铁，如图2-7所示。该磁铁的磁力与麻将牌正面的磁力相吸，因而能吸住大盘池中的麻将牌。

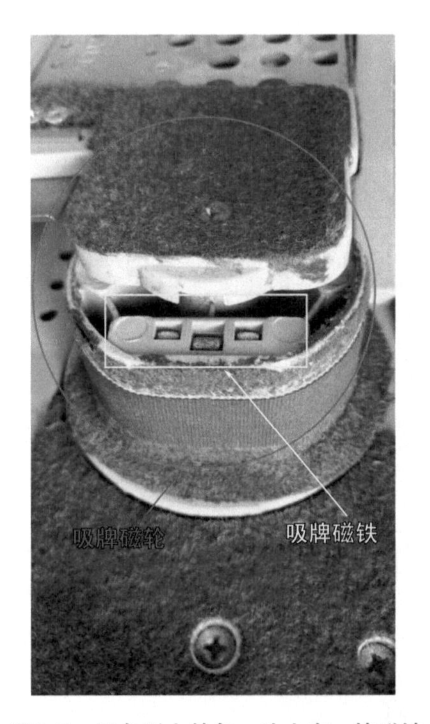

图2-7 三角形上的每一边上有一块磁铁

送牌系统工作原理：当洗牌池中的大盘在不断地旋转时，送牌电动机也在不断地旋转，正面向上的麻将牌碰到吸牌磁轮时，麻将牌的正面就被吸住（如图2-8所示）。正常情况下，麻将牌应该纵向吸住并进入轨道，但是，有时候麻将牌可能是横向吸住的，这时在吸牌磁轮的上方有一个校正片（如图2-9所示），用来校正麻将牌从横向吸附改为纵向吸附。吸住的麻将牌与吸牌磁轮一起旋转，麻将牌从吸牌磁轮的底部旋转到最高处（如图2-10所示）。此时，麻将牌背面由向下的方向变成了向上的方向，随着吸牌磁轮的不断旋转，麻将牌脱离吸牌磁轮，随传动带继续往前运行，直到运行到叠牌口。在叠牌口处麻将牌是呈现背面向上、正面向下摆放，以方便叠牌机头使用，如图2-11所示。所以整个送牌系统的工作原理还是一个磁力吸附和传动带运输的工作原理。相关原理可扫码看视频。

2-3送牌系统工作原理

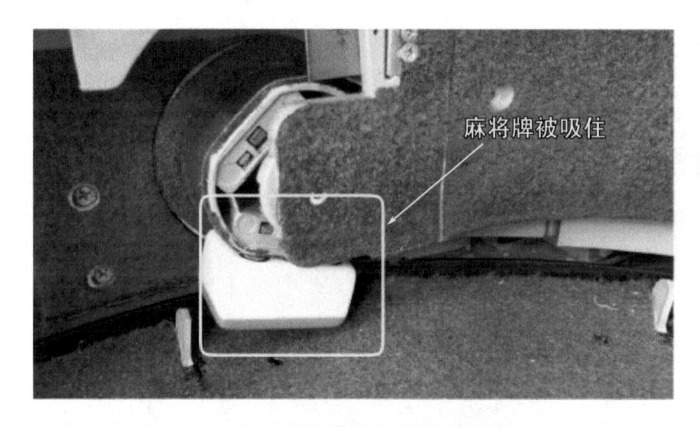

图2-8　麻将牌的正面就被吸住

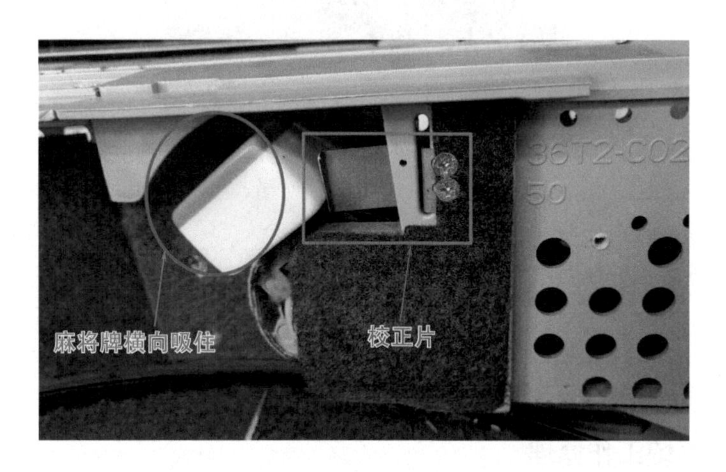

图2-9　吸牌磁轮的上方有一个校正片

图2-10　麻将牌从吸牌磁轮的底部旋转到最高处

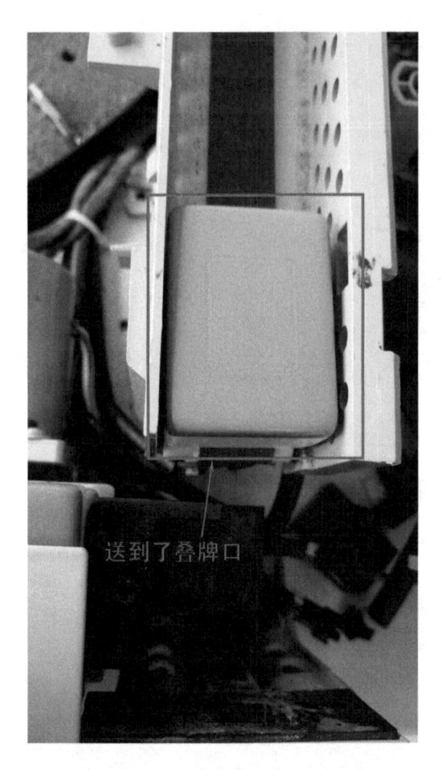

图2-11　在叠牌口处麻将牌呈现背面向上

（三）叠牌系统工作原理

叠牌系统是麻将机的核心系统，核心部件是机头和光控计数器（如图2-12所示）。单口机只有一个机头和光控计数器，四口机则采用了四个机头和四个光控计数器，即每个方向采用了一个机头和一个光控计数器。机头主要由机头电动机、承牌座、叠推头、光控计数器、机头磁控等组件协同工作。来自送牌系统的麻将牌在送牌传动带的推动下掉入机头的承牌座上，掉一个麻将牌光控计数器计数一次（其计数原理是通过麻将牌的白色面反光传到光控计数器一次，则计数一次），光控计数器上的指示灯亮一次（如图2-13所示），掉第二个麻将牌，光控计数器再计数一次，叠牌完成，机头电动机旋转，叠推头往前推一次（如图2-14所示），机头磁控检测承牌座和叠推头的运行状态（如图2-15所示磁控板上有两个霍尔元件，分别检测机头飞轮的位置，飞轮上有磁钢），并将运行信息反馈给主板。此时，叠牌就完成了一次工作，如此循环。当一方叠牌数量达到设定值后，叠牌系统停止工作，已吸上送牌系统的麻将牌将随着送牌电动机的反向旋转（当一方叠牌数量达到设定值后，该方的送牌电动机将立即反向旋转，如图2-16所示）而退回洗牌池，退回的麻将牌再供其他方送牌系统送到其叠牌系统。当四个方向麻将牌均达到叠牌设定值，机器发出“滴”的一声，提示操作者叠牌完成，可以操作上牌了。叠牌原理可扫码看视频。

图2-12　叠牌系统的核心部件

（四）升牌系统工作原理

升牌系统的功能就是将已叠好的麻将牌升到桌面。升牌电动机（又称03电动机）是该系统的动力源，升牌电动机驱动升牌组件工作（如图2-17所示），先后要完成推牌和升牌两个过程，而控制电动机精准运行的传感器是升牌磁控（如图2-18所示），该磁控控制升牌系统的运行状态，同时将状态参数反馈给主板。

升牌系统工作原理：麻将机叠完牌后，升牌电动机旋转一周，即升牌磁控定位磁钢从初始位置旋转一周再回到初始位置（如图2-19所示），电动机长轴上的伞形齿轮和凸轮也旋转一周，凸轮旋转一周时，推动承牌轨道上的外部挡板移动（如

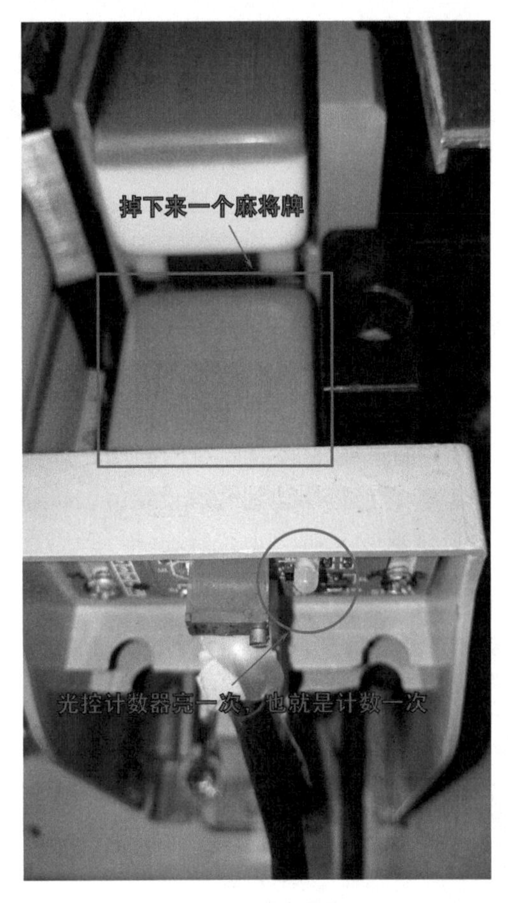

图2-13　掉一个麻将牌光控计数器计数一次

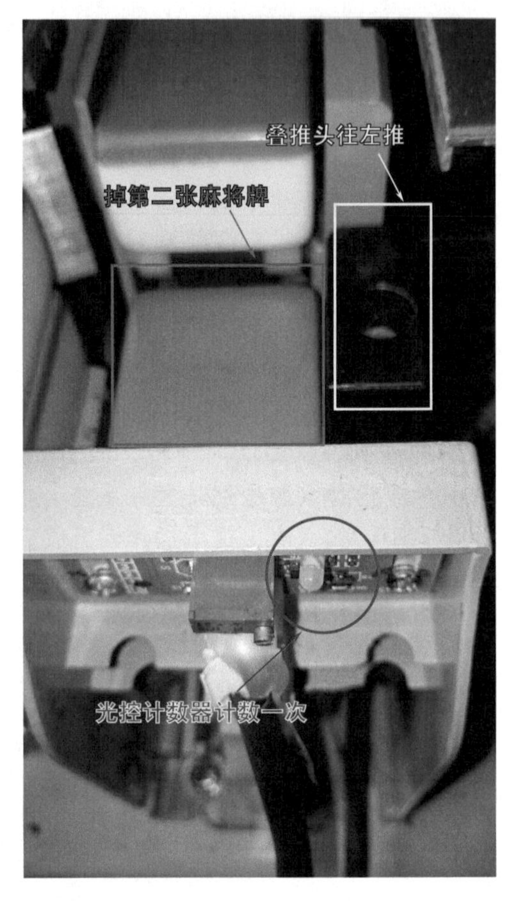

图2-14　掉第二个麻将牌光控计数器计数一次

图2-15　机头磁控检测承牌座和叠推头的运行状态

图2-16　多余的麻将退回麻将池

图2-17　升牌电动机驱动升牌机构和升牌铝板工作

图2-18 升牌磁控

图2-20所示为伞齿、凸轮、推动挡板的运行），使麻将牌往内部移动一个麻将长度的距离，从而将轨道上的麻将牌推到承牌铝板上；一个伞形齿轮驱动另一个伞形齿轮也旋转一周，带动伞形齿轮轴上的摇臂也旋转一周，摇臂带动升牌铝板先下降，让麻将牌从侧面推上铝板，再上升，将麻将牌推出桌面（扫码看视频）。所以升牌电动机旋转一周时，升牌板先下降到与承牌座水平的位置，此时，推牌板开始推牌，推动麻将牌到升牌板上，最后，升牌板开始上升，将麻将牌升到高出桌面的位置。升牌慢动作和快动作可扫码看视频。

2-6升牌慢动作

2-7升牌快动作

图2-19 定位磁钢从初始位置旋转一周再回到初始位置

（五）中心盘工作原理

中心盘是麻将机的操作控制中心，也是人机交互的平台。中心盘上的控制板

图2-20　伞齿、凸轮、推动挡板的运行

与主板相连接。中心盘的中心圆管下面有升降电动机和升降磁控，中心盘的中心圆管上面有操作显示盘。升降电动机和升降磁控控制中心管的升降，也就是控制中心盘的升降，因为中心盘安装在中心圆管上。当按下中心板上的升降键时，升降电动机旋转，电动机飞轮也旋转，飞轮上的摇臂带动升降杠杆将中心圆管升上去。升降圆管上有回复弹簧，当升降杠杆下降时，中心圆管自动下降。同时，飞轮后方的磁控板上有霍尔元件（图中未标），飞轮上有磁钢（图中未标），霍尔元件检测飞轮上的磁钢位置，并将位置信息反馈给主板。如图2-21所示为中心圆管升降原理示意图。

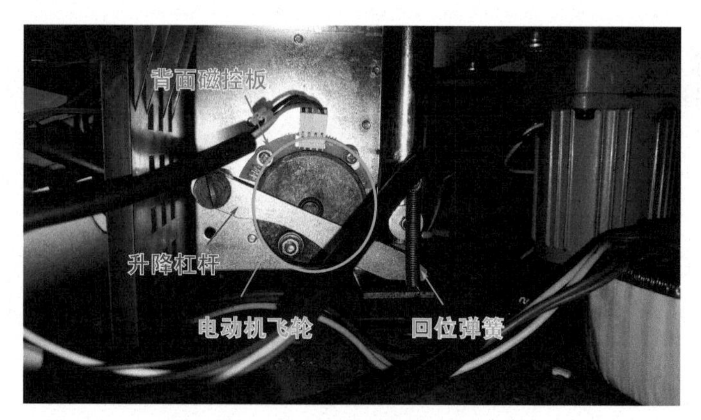

图2-21　中心圆管升降原理示意图

当中心圆管升降时，其上部的控制面板（如图2-22所示）也会跟着一起升降，控制面板上有电路板和骰子电动机，控制面板与主板通过连线连接。主板上有两块逻辑芯片（例如74HC595D）和几个贴片三极管，用来将控制面板上的显示信号和操作信号进行逻辑转换放大并与主板通信。

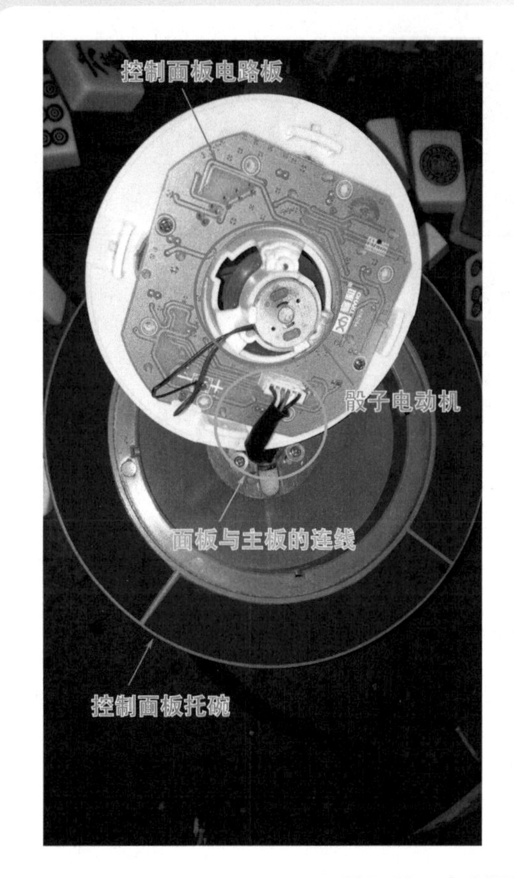

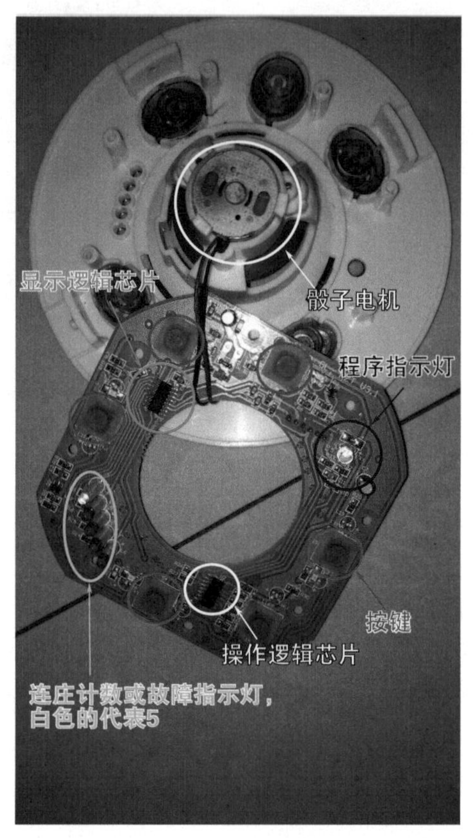

图2-22　中心圆管上的控制面板

麻将机通电后，电脑主板进入工作状态，机器各部位自动恢复到初始状态，也就是说先进行初始化操作。初始化操作包括自动清除前次的连庄记录、清除前次的庄家方位记录、中央控制盘归位、升牌板归位、叠牌头归位，中央控制盘上的指示灯循环移动，主板发出初始化就绪的提示音。

同时按住中心盘升降键约5 s，中心升降盘可升降或暂停，同时按住骰子键约5 s，麻将机可进行初始化操作。不过，不同品牌的麻将机，其快捷按键的设定不太相同。

连庄指示灯共5个，四个红色灯，一个蓝色灯，蓝色灯代表数字“5”，每个红色灯代表数字“1”，显示1个红色灯表示1，显示2个表示2，显示3个表示3，显示一个红色和一个蓝色，则表示1+5=6，显示2个红色和一个蓝色，则表示2+5=7，以此类推。代表的数字就表示连庄的次数，一个指示灯都不亮，则表示初庄或庄家未定，如图2-23所示。哪一方连庄则哪一方的骰子灯亮，哪一方有故障一般也是哪一方的骰子灯闪烁，同时伴有报警声。

若是采用数码管的控制盘，则更为直观，连庄数则直接通过数码管显示出来。

指示灯显示	含义
○○○○○	初庄或庄家未定
○○○○●	一连庄
○○○●●	二连庄
○○●●●	三连庄
○●●●●	四连庄
●○○○○	五连庄
●○○○●	六连庄
●○○●●	七连庄
●○●●●	八连庄
●●●●●	九连庄

图2-23　中心控制板指示灯含义

有的麻将机还带有语音提示，则通过语音将连庄的庄家和连庄数直接播放出来，机器在哪一方或哪个部位有故障，也直接通过语音播放出来。

（六）主板系统工作原理

主板（如图2-24所示为麻将机主板及各接插件）是麻将机的大脑，控制整个麻将机的工作状态。主板外接的传感器（磁控、光控等）和面板按键将麻将机各传感器和控制面板接收到的信号送到主芯片，主芯片根据事先设计好的程序将驱动指令送到光耦合器，光耦合器接通或关闭其内部的通断端子，从而开通或断开各执行电动机的电源。

图2-24　麻将机主板及各接插件

当然，主板需要供电电源才能工作，供电电源来自220V交流市电，220V交流市电经环形变压器降压，将220V分别转换成110V和12V交流电，交流供电电源如图2-25所示。

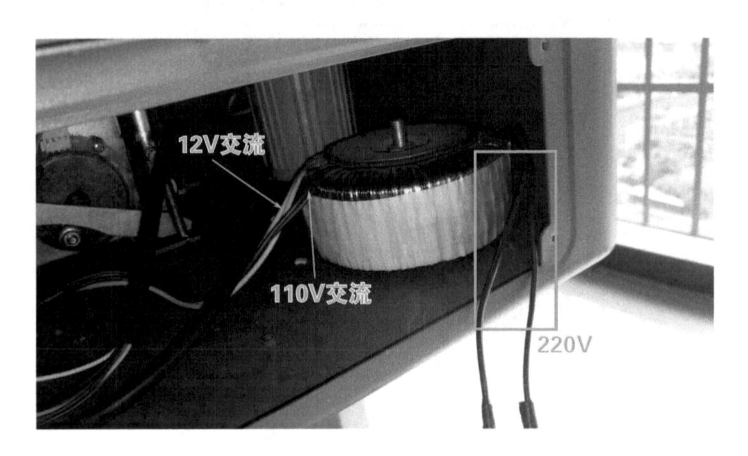

图2-25　交流供电电源

麻将机主板的供电电源一般有两路，一路是供各驱动电动机的110V交流电源（又称电动机电源），110V交流电源直接接在光耦合器的通断端子上，当光耦合器通断端子接通时，同时，110V交流电经开关变压器组成的开关电源输出直流电，送到光耦合器电路，为光耦合器提供直流工作电源。同时，开关变压器的二次绕组输出交流电到电源检测电路，电源检测电路将检测到的信号电压送到主芯片，当输入电压异常时，主芯片控制开关电源切断光耦合器的供电电源，从而转换110V电源输出，以保护执行电动机不被烧坏。110V交流电源直接通过光耦合器的通断端子送到各电动机的供电线上，以上为强电电路和开关电源部分；另一路是供电路芯片工作的12V交流电源（又称主电源），12V交流电经整流滤波后，输出高于12V的直流电源，该直流电源再经DC-DC变换器，将直流电源变成12V和5V直流电源供电路芯片使用，电源电路如图2-26所示。

加电后，电脑板开始工作，首先要清除记录，归位中心升降盘、升牌板、推牌头等动作机构，同时自动退回送牌传动带上的麻将牌到洗牌池等初始化工作，初始化工作完成后，机器发出提示音，提示操作者可进一步操作了。

当用户操作中心控制盘给出操作信号后，反馈给电脑板组件，然后按设定好的程序控制洗牌系统、输送系统、叠牌系统、升牌系统、风扇、语音等独立系统的运行和停止。每一个系统完成工作后，均会由传感器向电脑板发出信号，电脑板作出信号反馈，来控制系统的工作。

电脑板设定好的程序是一个通用的程序，还需要通过用户设定电脑板的拨码来设定麻将机的具体工作程序（图2-27所示为挡位表，图2-28所示为电子挡位设定开

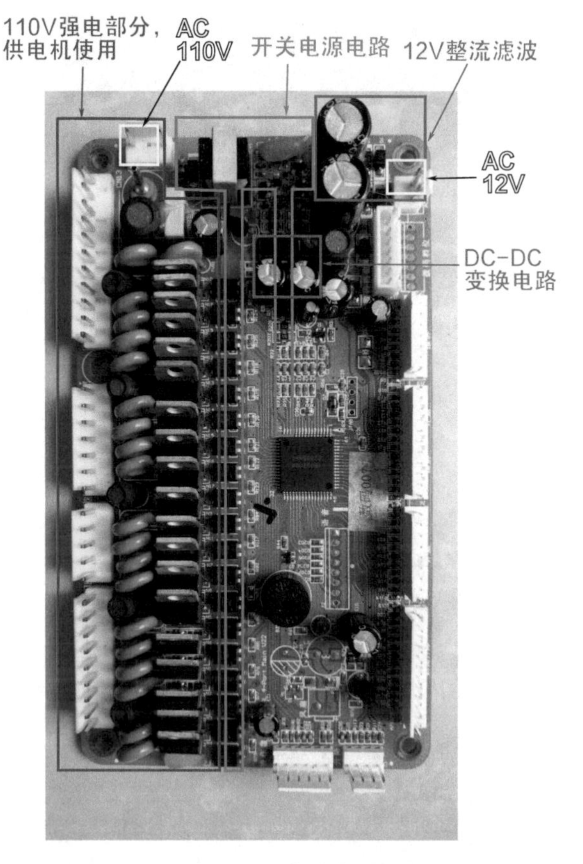

图2-26　电源电路

关，图2-29所示为机械挡位设定开关，不同的品牌机型，其拨码开关的类型不同，设定方法不尽相同）和运行环境（如图2-30所示）。选定了麻将机的运行环境和工作程序（程序存储在电脑板的主芯片中或专门的存储器中），麻将机则一直按照选定的环境和程序自动运行。

麻将机主板得到电源供电后，整机开始初始化，电脑板将中心控制板送来的用户信号送到电脑板的主芯片，主芯片根据用户设定的拨码和运行环境调用相应的工作程序准备工作。此时电脑板要同时接收来自中心控制板传感器、东西南北各方位传感器组、中心杆传感器、机头传感器组的信号，并将这些信号进行对比处理，与事先设定的工作程序进行对比，确定向哪一路执行机构发出指令。指令经过电路板上的光耦合器送到各路晶闸管，由晶闸管向执行动作的电动机提供或断开工作电源，使执行机构工作或是停止，同时发出语音或蜂鸣提示音。电脑板电路工作原理框图如图2-31所示。

普通挡位表

	东		西		南		北				东		西		南		北		
	下	上	下	上	下	上	下	上	总和		下	上	下	上	下	上	下	上	总和
0	手动检测										手动检测								
1	18	18	18	18	18	18	18	18	144	21	18	18	18	18	18	18	17	17	142
2	17	17	18	18	17	17	18	18	140	22	18	18	18	18	18	18	0	0	108
3	17	17	17	17	17	17	17	17	136	23	16	16	17	17	16	16	17	17	132
4	16	16	16	16	16	16	16	16	128	24	16	16	16	16	16	16	0	0	96
5	15	15	15	15	15	15	15	15	120	25	15	15	16	16	15	15	16	16	124
6	14	14	14	14	14	14	14	14	112	26	16	16	16	16	16	16	15	15	126
7	13	13	14	14	13	13	14	14	108	27	13	13	13	13	13	13	13	13	104
8	12	12	13	13	12	12	13	13	100	28	13	13	13	13	13	13	12	12	102
9	12	12	12	12	12	12	0	0	72	29	12	12	12	12	12	12	12	12	96
10	19	19	19	19	19	19	19	19	152	30	9	9	9	9	9	9	0	0	54
11	17	17	17	17	17	17	18	18	138	31	9	9	0	0	9	9	0	0	36
12	14	14	15	15	14	14	15	15	116	32	9	9	0	0	0	0	0	0	18
13	14	14	14	14	14	14	13	13	110	33	7	7	7	7	7	7	6	6	54
14	14	14	14	14	14	14	0	0	84	34	6	6	6	6	6	6	0	0	36
15	12	12	10	10	10	10	10	10	84	35	5	5	5	5	5	5	5	5	40
16	10	10	11	11	10	10	11	11	84	36	17	17	17	17	17	17	18	17	137
17	10	10	0	0	10	10	0	0	40	37	9	8	9	8	9	8	2	1	54
18	10	10	0	0	0	0	0	0	20	38	17	0	17	0	3	0	17	0	54
19	9	9	9	9	9	9	9	9	72	39	17	17	17	17	17	17	0	0	102
20	18	18	18	18	18	18	18	18	148										

图2-27　用拨码来设定麻将机的具体工作程序

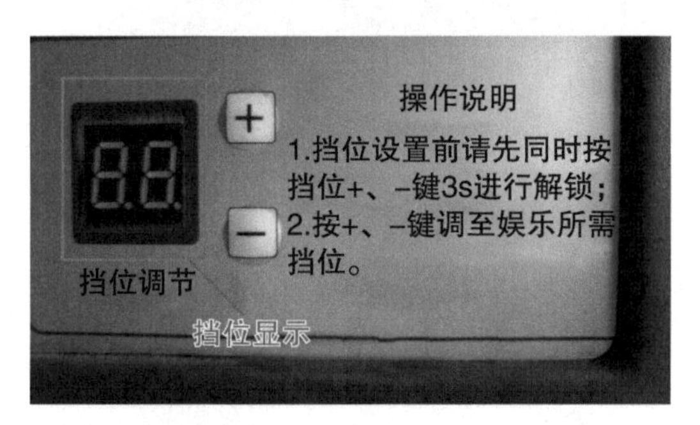

图2-28　电子挡位设定开关

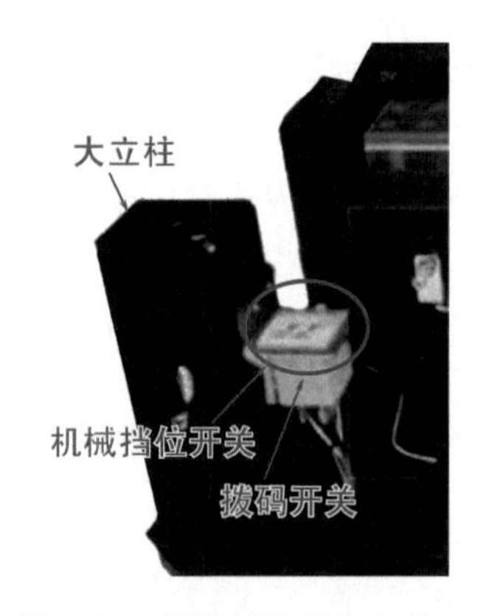

图2-29　机械挡位设定开关

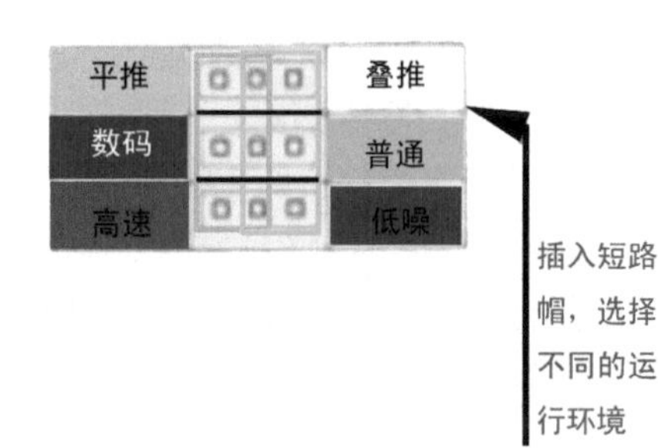

图2-30　运行环境设定

原则上晶闸管的数量与电动机数量是对应的，但通常是不对应的，这是因为有些电动机还需要反转，例如送牌电动机、大盘电动机是需要反转的。反转也需要一个晶闸管进行控制。如十四电动机的四口机，其晶闸管则有14（14电动机正转晶闸管）+4（4个送牌电动机反转晶闸管）+1（大盘电动机反转晶闸管）=19个晶闸管。并且，相应的光耦合器也需要19个。

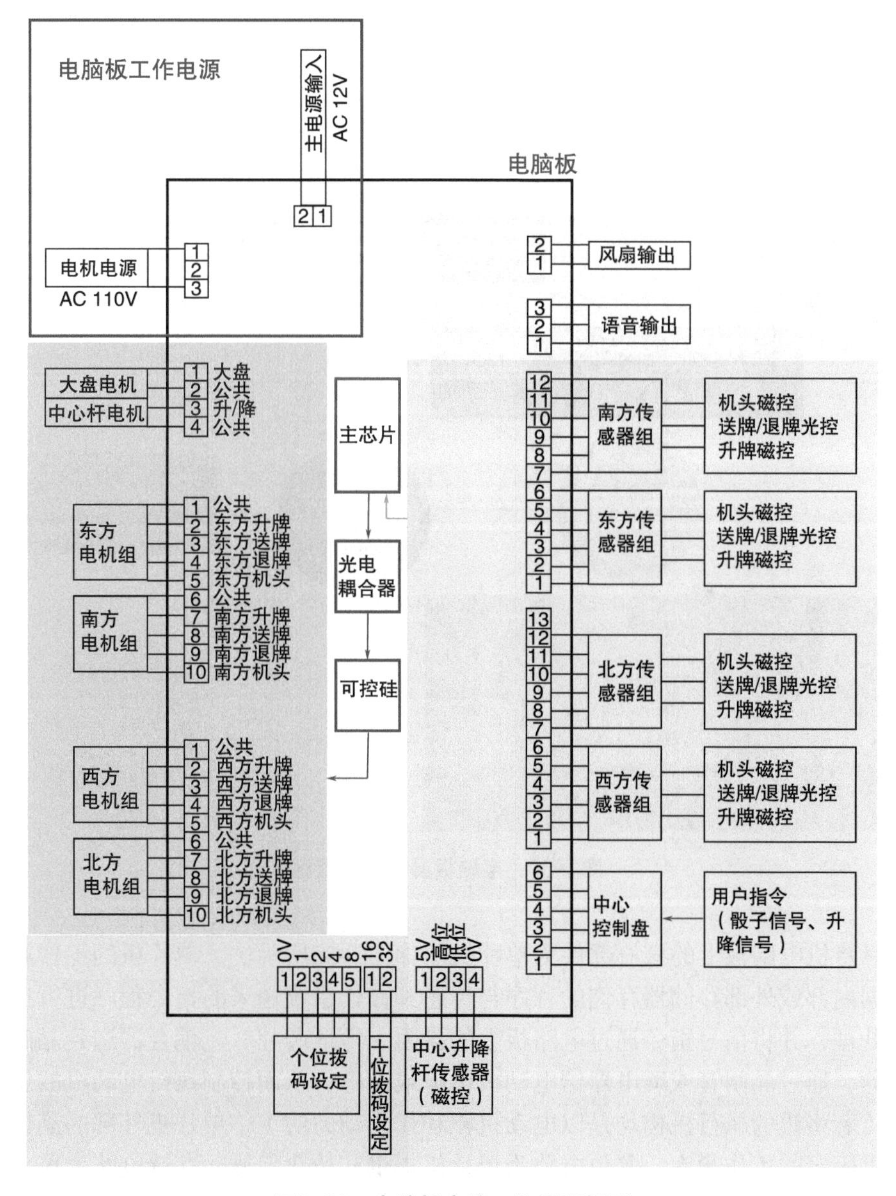

图2-31　电脑板电路工作原理框图

拨码挡位、中心控制盘的用户指令和各传感器的信号采集是通过主芯片的中断信号和输入端口信号进行采集的，主芯片每隔1ms就对所有的输入端口进行采样和数字滤波，采集各端口的输入信号，并动态刷新记录，以备主程序调用。

电脑板具体工作流程：

当麻将机处于休闲状态时，主程序随时查看中断信号中的按键记录，当发现中心控制盘中的升降键有中断信号时，则立即启动洗牌程序，麻将机有两副牌，一副在打，一副同时在洗。在洗牌的过程中，用户可打已上升到桌面的麻将牌，桌面下面的一副麻将牌则正在进行洗牌。其具体工作过程如图2–32所示。

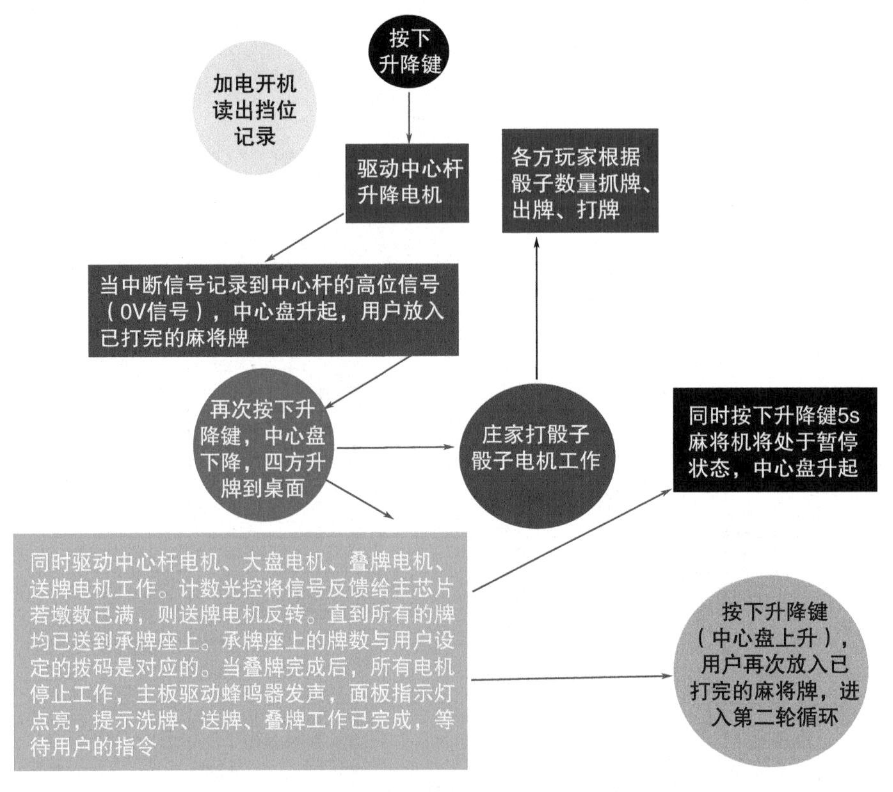

图2–32　电脑板具体工作流程

麻将机电脑板上的核心部件为单片机（如图2–33所示），单片机的工作原理就是根据内部或外部存储器存储的程序与传感和操作系统送来的指令程序进行逻辑运算和处理，并将信号指令通过电路板上的排阻、地址芯片、光耦合器送到晶闸管或继电器，通过晶闸管或继电器给电动机供电或断电，从而控制执行电动机的运转或停止（麻将机的执行机构均是以电动机驱动作为动力的）。单片机外部的晶体振荡器提供固定的工作频率，复位电路为单片机提供初始化信号，存储电路为单片机提供程序指令。所以麻将机的电脑板是一块完整的微型电脑系统。

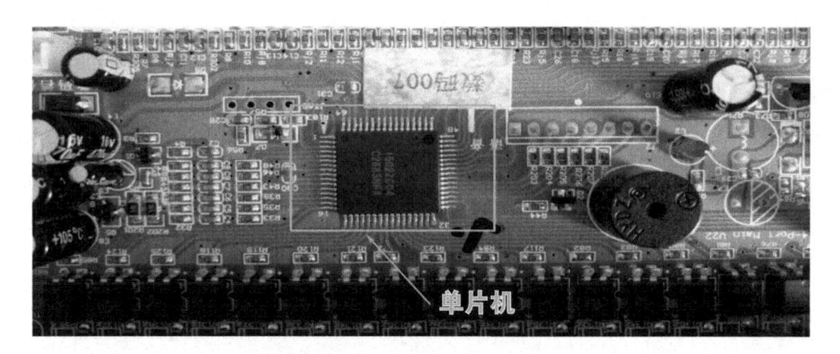

图2-33　电脑板上的单片机

第三节　八口麻将机工作原理

八口全自动麻将机就是不用抓牌的麻将机。其结构与四口麻将机在结构上相差不大，只是在电路控制系统和升牌系统中加以改进，也是四个口送牌，只是在升牌的时候分开了，有的是四个口升牌，先升上二层牌，玩家将二层底牌出后，麻将机感应到上二层已推出，再自动升起第三层上手的牌（如图2-34所示），上面二层为与四口机一样的底牌，第三层为需要抓的上手牌。玩家将最底下的牌翻过来就可直接打，不用抓牌了，这种八口机又称三层机；还有一种八口机，则是八个口升牌，其四个口升牌与四口机一样，另外还有四个口（有的与前面的四个口合并在一起，比四口机的"口"要宽很多）则采用四边升牌（如图2-35所示）或立式升牌（如

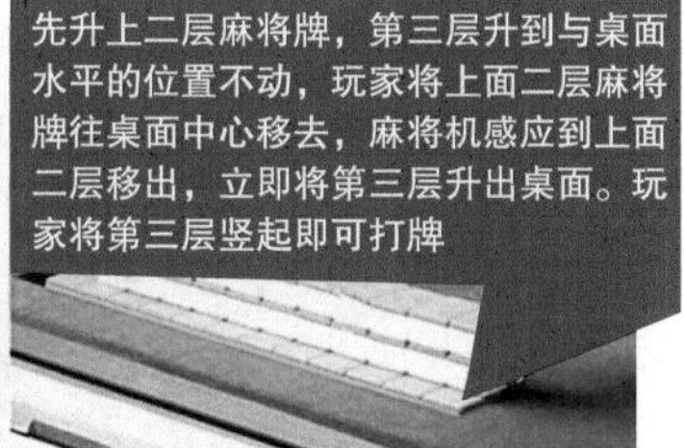

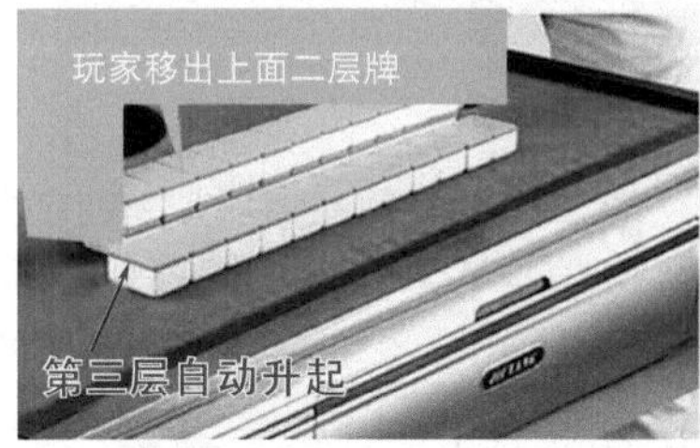

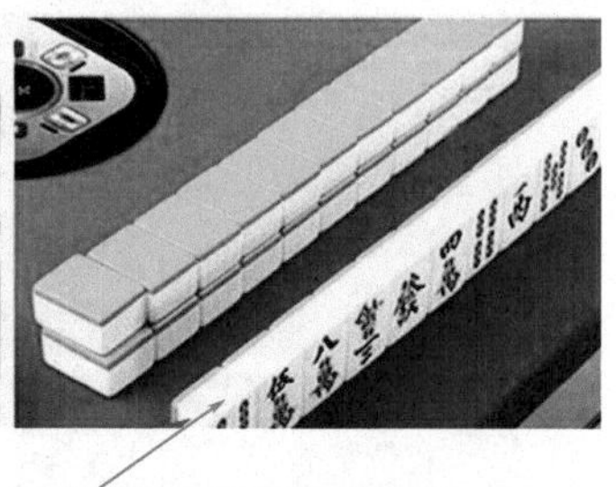

图2-34　八口机（三层机）工作原理

图2-36所示），这些口升起的牌就是玩家要抓的上手牌，上手牌升上来之后，玩家可以直接打牌，不用抓牌了。因此八口机除了具有四口机的升牌功能之外，还增加了将玩家要抓的牌合并或单独升到桌面的功能，省去了玩家抓牌的工序，节省了时间。目前市面上使用八口机最多的就是八口机中的三层机，因为三层机相对四口机来说，只做了升牌和叠牌程序的细微改变，生产成本更低，故障率也较低。

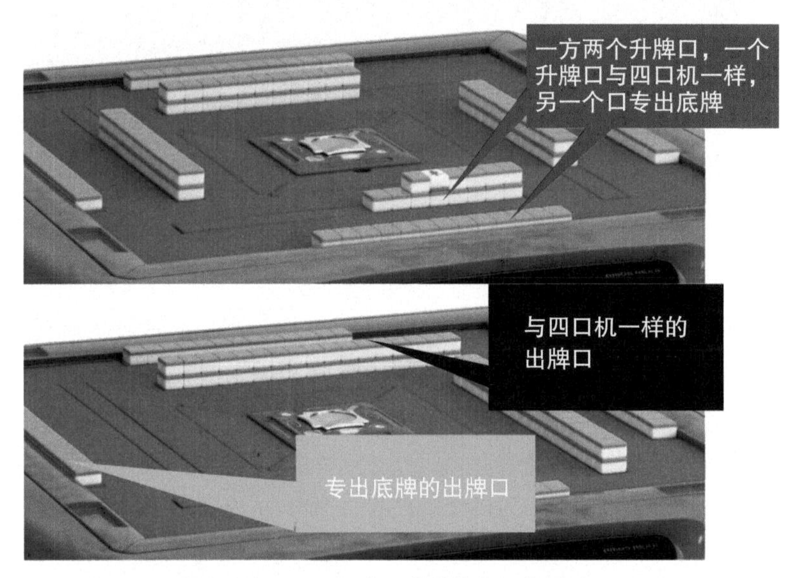

图2-35　八口机（四边升牌）工作原理

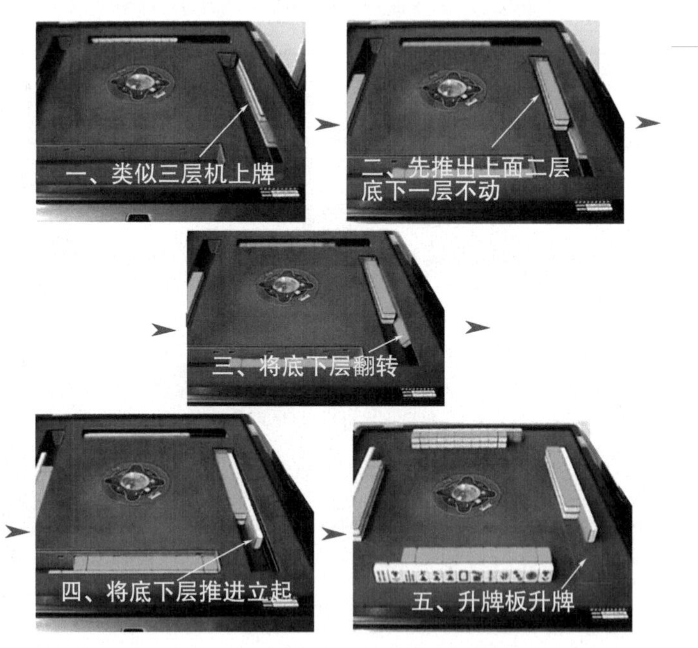

图2-36　八口机（立式升牌）工作原理

一、三层八口机工作原理

三层八口麻将机的工作原理与四口机基本类似，也是由洗牌系统、送牌系统、叠牌系统和升牌系统组成，其洗牌系统、送牌系统与四口机完全一样，所不同的是叠牌和升牌系统。玩家按下中心控制板上的升降键后，电脑板中的大盘电动机晶闸管导通，大盘电动机正向旋转。洗牌池内的麻将牌通过洗牌大盘的旋转将麻将牌分散到各个送牌系统的吸牌口，同时通过大盘底部的磁铁和大盘上面的挡片将麻将牌翻转到统一的方向（正面向上，背面向下），拨牌弹簧将处于大盘中心的麻将牌拨到大盘的四周，以便供送牌系统使用，如图2-37所示为洗牌系统工作原理。

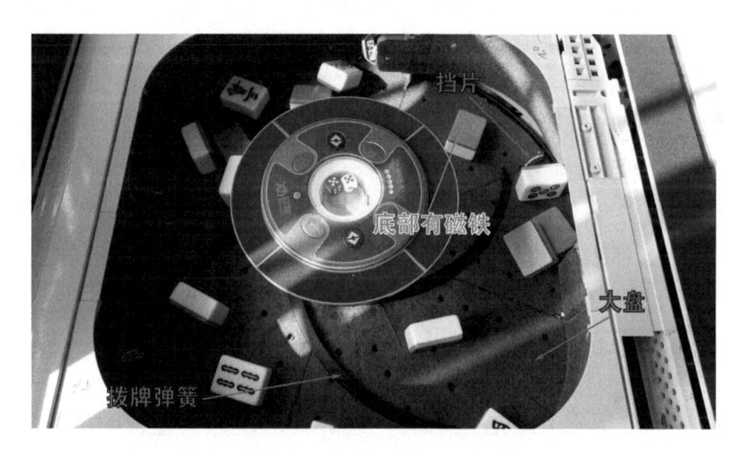

图2-37　洗牌系统工作原理

送牌系统是利用吸牌磁铁和送牌电动机驱动的传动带将洗牌池内的麻将牌吸上吸轮后，再通过传动带传送到叠牌口。在洗牌的同时，电脑板会同时驱动送牌电动机旋转，当麻将牌经过吸牌轮下方时，由于吸牌轮上的磁铁与麻将牌本身内部的磁铁相互吸引，将麻将牌从洗牌池内部吸到送牌轮上，并随着吸牌轮的旋转，将麻将牌从吸牌轮的下方转到上方，麻将牌从正面向上变成了正面向下。由于送牌轮上有运输传动带，麻将牌在运输传动带上随传动带的运行被带到叠牌口，供叠牌机头使用。送牌系统工作原理如图2-38所示。

当叠牌机头通过计数已达到设定的麻将数量，此时电脑板驱动送牌电动机反转，将已吸上吸牌轮上的麻将和已送上传动带上的麻将返回到洗牌池，供其他方送牌系统使用。

以上洗牌系统和送牌系统的工作实际上是同步进行的，为了解说方便将二者分开说明。若洗牌池内的麻将数量与麻将机拨码设定的上牌数量不一致，洗牌

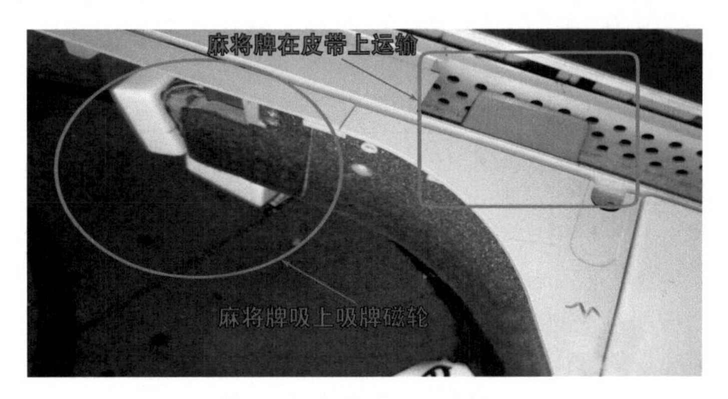

图2-38　送牌系统工作原理

大盘电动机和送牌电动机会反复正反向旋转，以寻找洗牌池的最后一颗麻将牌。只有当洗牌池内的麻将数量与设定的上牌数量一致，并且所有的麻将均已吸上，洗牌大盘和送牌电动机才会停止运行。

2-8缺牌反复洗牌

八口三层机的叠牌系统与四口机有细微区别，四口机只叠二层，而三层机是叠三层，底部第一层的数量为需要抓取的牌的数量，第二层和第三层才是应放到桌面上的麻将牌的数量，具体这个数量是多少，是根据麻将机拨码设定的挡位来设计的。

二、四边升牌八口机工作原理

四边升牌八口机实质上还是三层机，其洗牌、送牌、叠牌的过程与三层八口机完全一样，三层机在叠牌时是将三层叠在一墩，只是在叠牌时多叠加了一层牌，其他与四口机一样。但四边升牌八口机在升牌时有明显区别，升牌承牌座位于两个升牌板之间的位置（如图2-39所示），承牌座上的两边均有侧向推牌板。

图2-39　四边升牌八口机叠牌图

当升牌板下降到上面二层牌的最低位置时，其右侧的侧推板将上面二层麻将牌侧移到内层升牌板上，如图2-40所示；升牌板继续下降，当升牌板再下降一个麻将牌的高度与第三层麻将牌的最低位置水平时，承牌座左侧的侧推板将第三层麻将牌侧移到外层升牌板上，如图2-41所示。

图2-40　右侧的侧推板将二层麻将牌侧移到内层升牌板上

图2-41　左侧的侧推板将第三层麻将牌侧移到外层升牌板上

当所有的麻将牌均从承牌座上移到内、外层升牌板之后，两个升降板同时升起，将麻将牌从桌内升到桌外，如图2-42所示，内层为底牌，外层为上手的牌，省去了抓牌的麻烦。

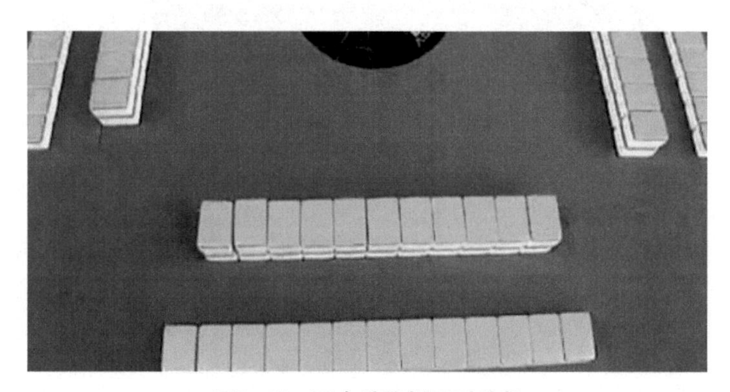

图2-42　两个升降板同时升起

三、立式升牌八口机工作原理

立式升牌八口机实质上还是三层机（如图2-43所示），其洗牌、送牌、叠牌的过程与三层八口机完全一样，三层机在叠牌时是将三层叠在一墩，只是在叠牌时多叠加了一层牌，其他与四口机一样。但立式升牌八口机在升牌时有明显区别，当升牌板下降到上二层麻将牌的位置时，其右侧的侧推板往里推动，将上面二层麻将牌移动到升牌板上，如图2-44所示。但普通八口机的升牌承牌座底板是固定的，而立式升牌八口机的承牌座底板是活动的（可以往上翻转，如图2-45所示），其作用是将第三层上手的牌通过底板向上翻转而将麻将牌竖起。在这个过程中，升牌板是不动的，承牌座的底板向上翻转一定仰角时，刚好使活动板的最高边缘接近侧向推板的最低端时，这时，侧推板立即动作，重复第一次的推牌动作，如图2-46所示，上手的牌被侧推板继续推动翻转后竖立，并与前二层麻将牌的侧面靠紧。随后，升牌板升起，将所有的麻将牌升到桌面之上，如图2-47所示。立起的麻将牌正好正对玩家，立起的麻将牌就是玩家需要抓的上手麻将牌，省去了玩家抓牌的工序。

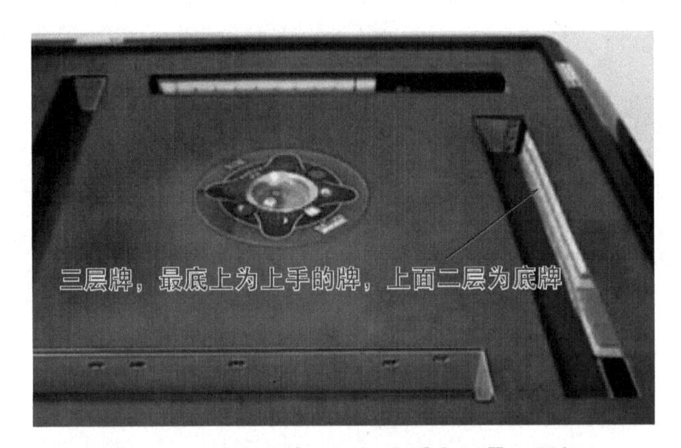

图2-43　立式升牌八口机实质上还是三层机

图2-44　将上面二层麻将牌移动到升牌板上

图2-45　将第三层上手的牌通过底板向上翻转而将麻将牌竖起

图2-46　重复第一次的推牌动作

图2-47　将所有的麻将牌升到桌面之上

立式升牌八口机的升牌板比其他机的升牌板要宽（约为一个麻将的厚度），也相当于两个出牌口。不管是哪一种八口机，其机头与四口机是有区别的，主板程序也与四口机有明显的区别。

第四节　过山车麻将机工作原理

过山车麻将机也包括洗牌、送牌、叠牌和升牌系统，洗牌系统（如图2-48所示）与前面介绍的四口机洗牌系统工作原理相同，输送系统与前面介绍的四口机的输送系统也基本类似，如图2-49所示，它也是由四个输送电动机和全封闭式输送轨道组成，通过吸牌磁轮将麻将牌从洗牌池内吸上麻将牌，再通过输送电动机和传动带的运转，将麻将牌从磁轮上送到机头入口。玩家放入麻将牌到洗牌池内，洗牌大盘旋转（约1300 r/min，通过齿轮减速驱动大盘旋转，大盘电动机又称06电动机），大盘上的牛筋和底部的磁铁将麻将牌翻转成统一的正面向上，以便送牌系统的磁铁吸上送牌传动带。

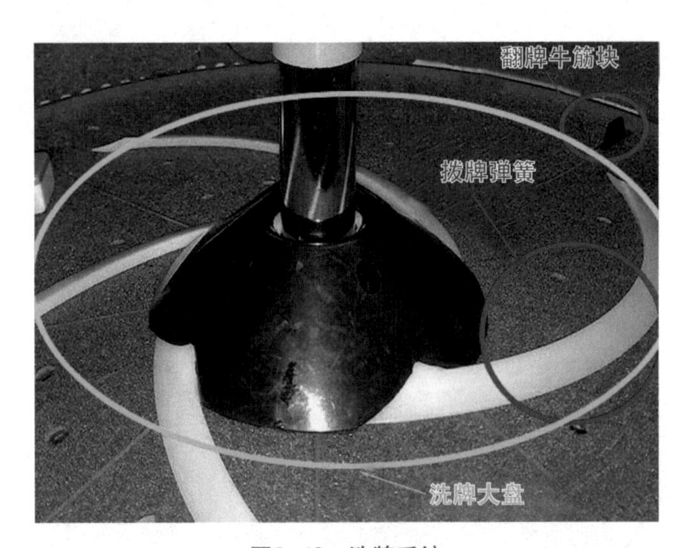

图2-48　洗牌系统

送牌系统的核心部件有送牌电动机（转速约为95转/分钟，04电动机）、送牌磁轮和送牌传动带，送牌电动机驱动传动带转动，传动带带动磁轮旋转，磁轮隔着传动带吸住麻将牌，由于麻将牌与传动带之间存在摩擦力，传动带带动麻将牌继续运行。送牌系统将麻将牌吸上磁轮后，如图2-50所示，随着磁轮的旋转，麻将牌

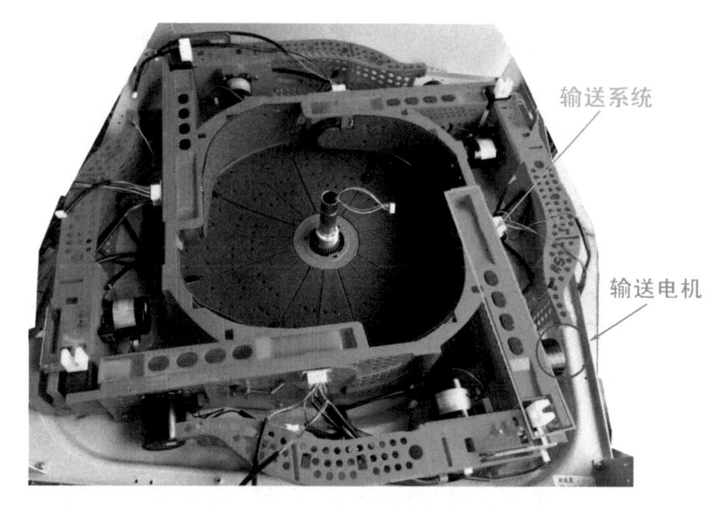

图2-49　过山车麻将机输送系统

从原来的正面向上就变成了背面向上，随着送牌传动带的移动，将麻将牌送到叠牌口，为机头叠牌做准备。

图2-50　送牌系统

叠牌系统的核心部件有叠牌电动机、叠牌机头（又称推牌机头、01电动机）、计数光控和叠牌磁控。过山车叠牌电动机的转速较普通机也要高一些（一般为45r/min），叠牌电动机转动后，带动机头内部的圆形滑块旋转（如图2-51所示），圆形滑块再带动机头上的推头和承牌座动作，对来自送牌系统的麻将牌进行计数、叠牌和推牌（俗称叠推功能）操作，将麻将牌叠墩并送入升牌系统的入口。

升牌系统的主要部件有升牌电动机（又称开门电动机、03电动机）、拉牌电动机（又称推牌电动机、02电动机）、拉牌钢丝绳（又称拉索、缆绳）、拉牌绕轮、钢丝绳胀紧轮、过轮等，与其他麻将机的升牌系统有明显的区别，由原来的垂直升牌改成先拉牌在轨道上滑行到升牌铝条上再斜口升牌的方式。也就是说升

图2-51　机头圆形滑块

牌系统多了个推牌系统（如图2-52所示）。它是将普通四口机的垂直升牌板改成了斜口上牌板，并且升牌系统采用了绳索拉牌的上牌方式，通过上牌轨道送到斜口升牌板上升到桌面之上。也就是采用轨道上牌方式，而不是采用铝条直接升牌方式。

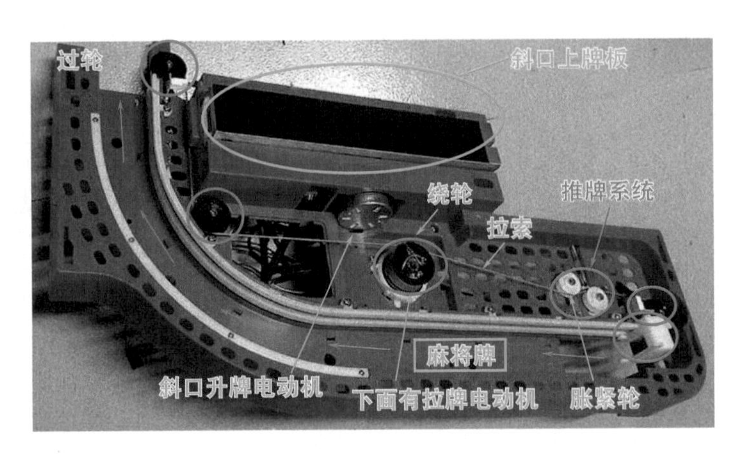

图2-52　升牌系统多了个推牌系统

拉牌电动机带动绕轮旋转，绕轮带动拉索绕过轮将推牌板沿轨道运行，胀紧轮用来调整拉索的松紧度，以便拉索不打滑，推牌板将麻将牌推着沿轨道行走。推牌板上有定位磁钢，旁边有拉牌磁控，用来控制拉牌板的工作状态，如图2-53所示。从而将麻将牌从机头处送到升牌铝条上，铝条受升牌电动机的控制，上牌时将铝条的一端降低到与轨道水平，便于麻将牌从轨道滑动到铝条上，再沿铝条滑出桌面，等上牌完成，铝条一端升起，使铝条保持与桌面水平。

拉索一边在绕轮与过轮上转动，一边在拉牌轨道的凹槽内穿过，如图2-54所示。轨道内的拉索带动拉牌板在轨道上行走。

图2-53　拉牌工作原理

图2-54　拉索在拉牌轨道的凹槽内穿过

现在市面上的麻将机（包括四口、八口、过山车麻将机）的输送机构都处于全封闭状态，如需维护、拆换都极不方便。先要把整个输送机构整体拆卸下来，再拆下输送机构两边固定的多个螺钉，才能拆下输送带、输送轮、胀紧轮等内部部件，维修时要小心且有耐心，否则容易损坏塑料件。

第五节　全自动麻将机拆装机

（一）整机拆装

麻将机整机拆装一般采用从外往内拆的步骤。

1.拆除上盖板（如图2-55所示）

图2-55　拆除上盖板

2.拆除四周外壳（如图2-56所示）

3.拆除四周的送牌系统（如图2-57所示）

4.拆除四周的机头和光控组件（如图2-58所示）

5.拆除升牌组件（如图2-59所示）

6.拆除中心控制盘和升降机构（如图2-60所示）

7.拆除拨牌弹簧和大盘（如图2-61所示）

8.拆除电气盒供电板和主板（如图2-62所示）

图2-56　拆除四周外壳

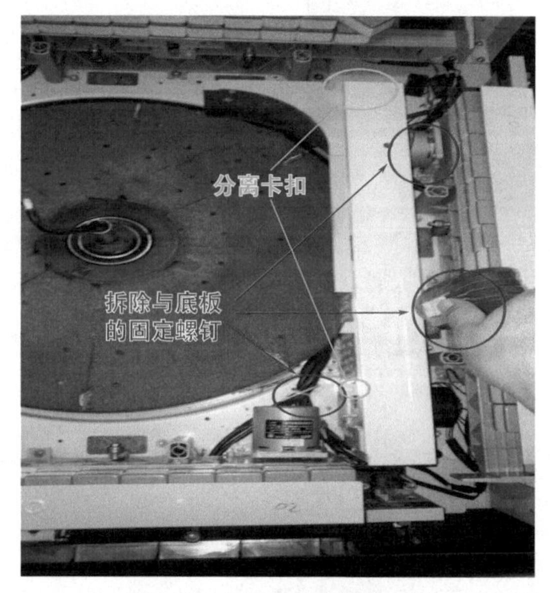

图2-57　拆除四周的送牌系统

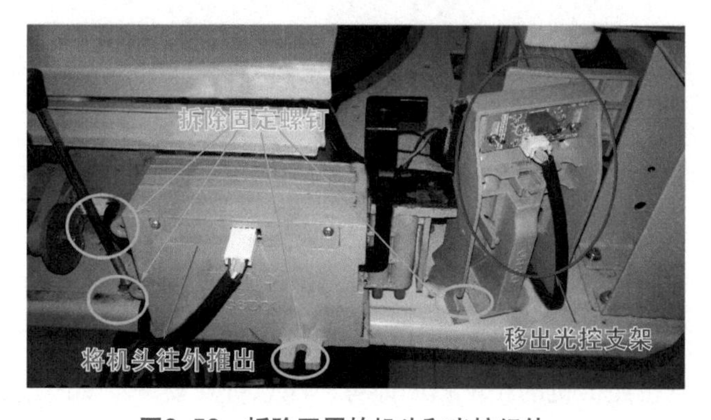

图2-58　拆除四周的机头和光控组件

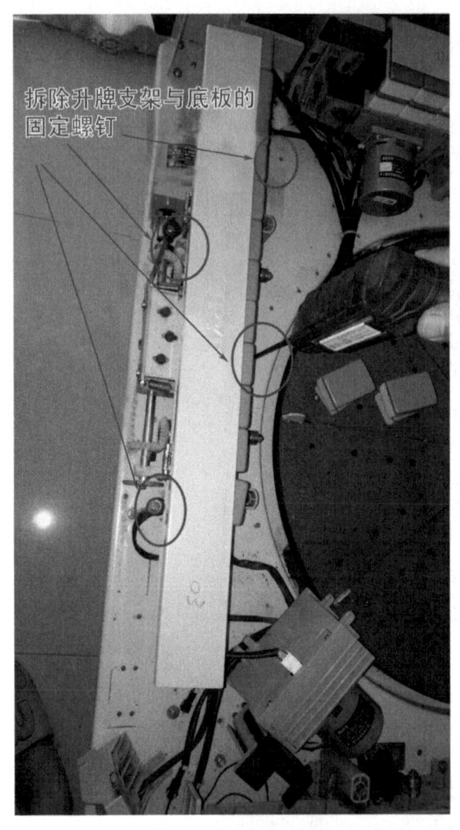

图2-59　拆除升牌组件

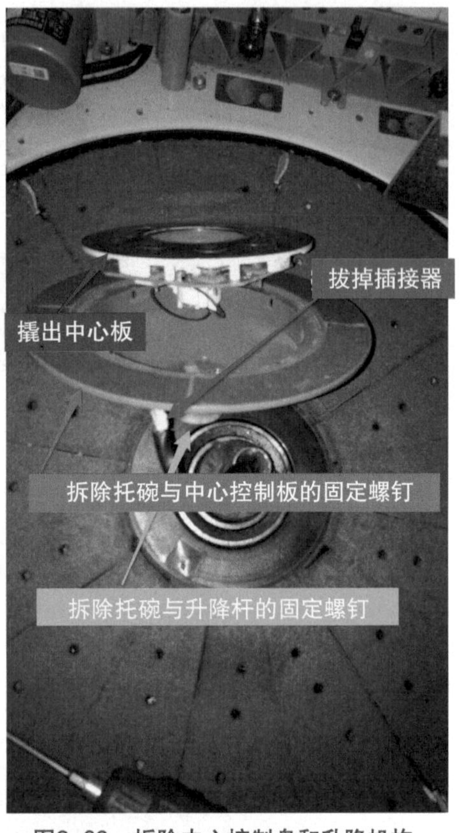

图2-60　拆除中心控制盘和升降机构

图2-61　拆除拔牌弹簧和大盘

9.拆除底座支架（如图2-63所示）

整机装机则按照拆机的相反顺序即可，注意每安装一步要回过头来检查该步骤的螺钉是否全部安装，以免出现部分螺钉或部件未安装的情况。

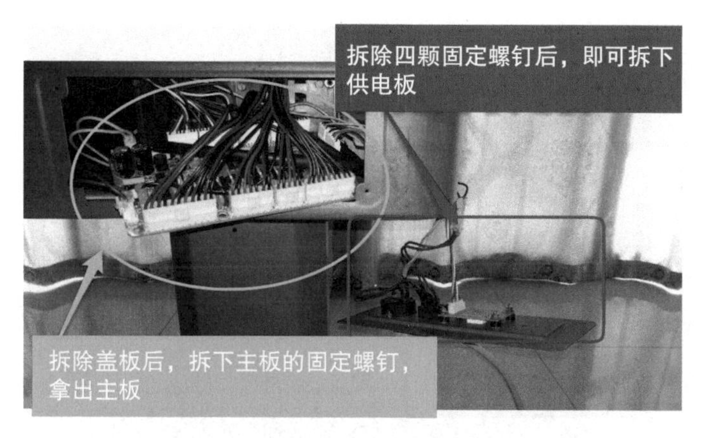

图2-62　拆除电气盒供电板和主板

图2-63　拆除底座支架

（二）电路板拆装

拆除主板四个角的固定螺钉，拔掉主板上的所有插接器，拆出主板，如图2-64所示。

拆除两颗固定螺钉，可拆出机头磁控电路板。如图2-65所示。

2-9麻将机拆机步骤

（三）机械结构拆装

拆除升牌电动机联轴器与伞齿固定环，可调节升降机构摇臂的位置，调节升牌铝板的高度。如图2-66所示。

2-10拆除输送系统外壳

（四）麻将机整机拆装

麻将机整体拆装可扫码看视频。

图2-64　拆出主板

图2-65　拆出机头磁控电路板

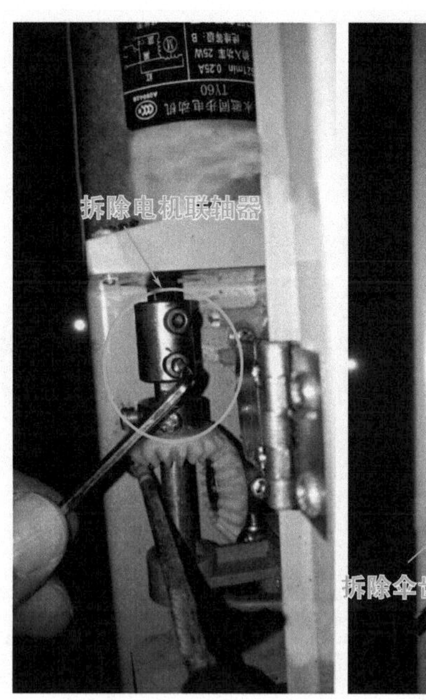

图2-66　拆除升牌电动机联轴器与伞齿固定环

麻将机输送系统外壳比较难以拆除，其拆除方法可扫码看视频，供参考。

第三章

全自动麻将机专用元器件的识别与检测

一、光控传感器的识别与检测

光控传感器（如图3–1所示）俗称光控、计数传感器、计数光眼等，在全自动麻将机中应用较多，它是麻将机机头对麻将牌叠牌和计数的重要传感器，该传感器一般位于输送系统出口和机头入口交叉的垂直角上，固定在光控机架上，如图3–2所示。

其工作原理是：传感器工作时，其计数光头里有个发射管和接收管（如图3–3所示），发射管发射的光线通过对面的物体反射后回到接收管，当麻将牌进入机头时，麻将牌侧面将光头发射的光线挡住了（有反光，如图3–4所示），接收管检测到挡住的信号后，将信号送到后续电路，后续电路将信号放大后送到主板，主板经过计算后计数一次，并驱动指示二极管发光一次，连续计数二次或三次后，表示叠牌完成，主板发出指令到机头，机头电动机旋转，推牌头动作，将叠好的一叠麻将牌推到升牌或拉牌入口处。

信号强度电位器用来检测调节收发信号的信号强度（体现出灵敏度），信号强度越强，指示二极管越亮。调节该电位器上的铜螺钉，可调节信号强度，正常调节时，旋转铜螺钉，当麻将牌挡住光头时，指示二极管最亮，然后回调一点点即为最佳状态。

检测光控传感器时，重点检测收发管是否脏污、损坏，信号强度电位器是否正常，光控上的贴片三极管是否损坏。检测光控上传感器，一般采用在路加电检测的方法进行检测。方法是在洗牌池内不放麻将牌，让麻将机加电工作，麻将机开始自动洗牌，由于洗牌池内没有麻将牌，等几分钟后，麻将机停机报警，大盘和输送牌系统停止工作，但各系统均有供电。这时，手动将一个麻将

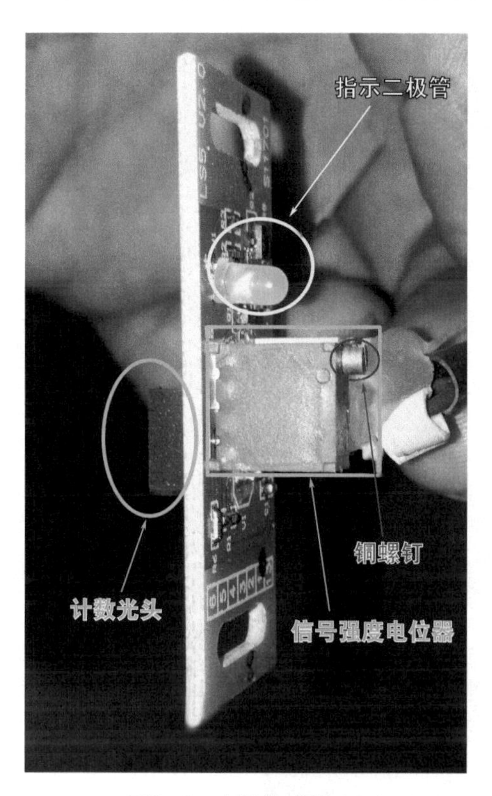

图3-1　光控传感器

图3-2　固定在光控机架上

牌人为挡住光控板上收发管的光眼处；这时若发光指示灯点亮，且亮度足够，则说明该光控传感器基本是正常的，若亮度不够，则用麻将牌挡住猫眼处，再用小改锥调节光信号强度（如图3-5所示），若指示二极管变亮，则说明光控收发管信号太弱，调节光信号强度电位器即可；若调不亮，则说明收发管老化或光控板存在故障。

3-1加电检测光控传感器

检测光控时，先静态检测收发管上是否有脏物挡住了光线，清除脏物后，再全面检测。方法是：将麻将牌挡住光控光眼，检查发光二极管是否点亮；若不能点亮，则用万用表测量发光二极管本身是否损坏，收发管是否损坏，光控板上的贴片二极管是否击穿等。相关检测可扫码看视频。当检测到光控传感器有故障时，能更换分立元件就更换分立元件，不能更换则更换整板。实际维修中大多采用更换整个光控板的方法进行维修，因为整个光控板价格不高，也容易购买，维修效率也高，特别适合麻将机的上门维修。

3-2断电检测光控传感器

图3-3　麻将牌侧面将光头发射的光线挡住

图3-4　传感器上的发射管和接收管

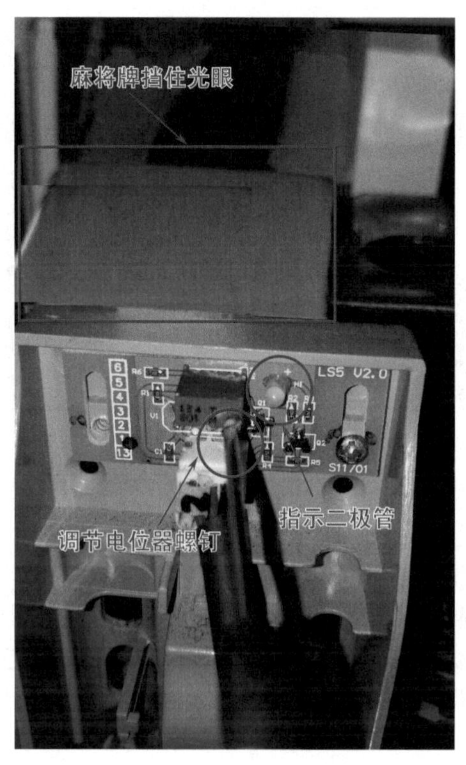

图3-5　手动检测光控传感器是否正常

二、磁控传感器的识别与检测

磁控传感器如图3-6所示，它是由磁控定位盘（上面有定位磁钢）和磁控板（上面有磁控霍尔元件、指示灯等元件）组成。在麻将机上的磁控传感器有很多，如机头磁控传感器、升牌磁控传感器、拉牌磁控传感器等，不管是哪一种磁控传感器，其组成和工作原理基本类似，以下详细介绍一种磁控传感器的识别与检测，读者可以举一反三。

检测磁控传感器是否正常，可在路加电检测，其方法是：加电开启麻将机，洗牌池内不要放入麻将牌，待麻将机因缺牌而保护停机时，旋松升牌磁控定位盘的固定螺钉，然后手动将定位盘的磁钢靠近磁控板上的霍尔元件；如果磁控板的信号指示二极管能从亮到灭，又能从灭到亮，则说明磁控传感器是正常的；若磁控板上的指示二极管一直亮或一直不亮，则反复转动定位盘，如果指示二极管仍然不亮，则可以判断磁控传感器存在故障。相关检测扫码看视频。

3-3在路加电检测磁控传感器

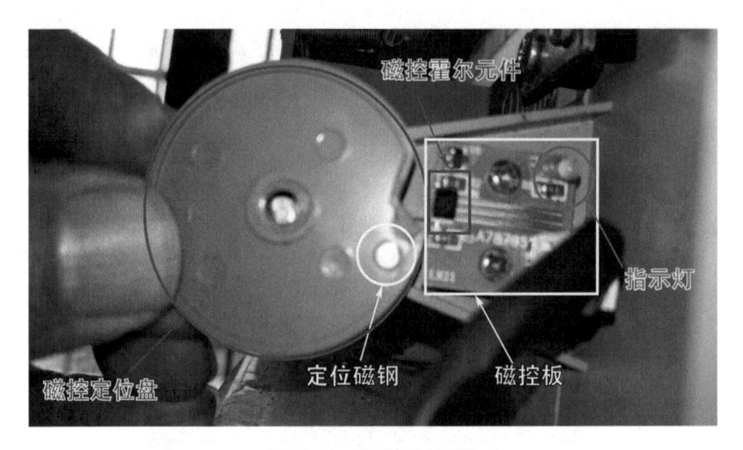

图3-6　磁控传感器

调整升牌磁控传感器的定位盘是维修人员的基本功，调整时一定要先手动旋转伞齿，使升牌铝条的摇臂转到最高处，这是初始位置。再调整定位磁盘的位置，使定位磁钢经过霍尔元件时，信号指示二极管从不亮到开始亮，但还没有亮的临界位置就是定位磁盘的初始位置，这时固定定位磁盘的固定螺钉即可。

麻将机的升牌磁控上有信号指示二极管，但机头内部的磁控传感器（如图3-7所示）则没有信号指示二极管，但其工作原理是一样的，只是没有信号指示二极管。检测机头内部的磁控传感器时，要使用万用表进行检测，与检测升牌磁控一样，先要将麻将机处于保护状态，以便为磁控传感器提供工作电压。正常情况下，机头上的磁控传感器有四根线，分别为电源正、电源负、信号S1和信号S2。用万用表检测信号S1和S2上的电压变化就能检测出机头磁控是否正常。

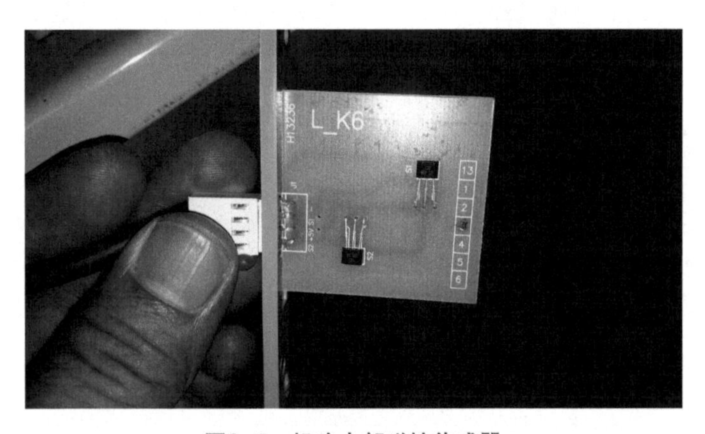

图3-7　机头内部磁控传感器

正常情况下信号S1和S2上均有4.8V左右的信号电压，当机头凸轮上的磁钢接近或离开磁控板上的霍尔元件时，S1或S2的电压会发生变化，利用这一点就能检测机头磁控传感器是否正常。用升牌磁控的定位盘上的磁钢靠近机头磁控板上的霍尔元件时，若万能表测得的S1或S2信号电压有变化，则说明机头磁控基本是正常的，反之，若万用表测得的S1和S2信号电压无变化，则说明机头磁控传感器可能存在故障，相关检测扫码看视频。

3-4加电检测机头磁控传感器

三、拨码开关的识别与检测

拨码开关又称挡位调节开关，主要有机械式拨码开关（如图3-8所示）和电子式拨码开关（如图3-9）。机械式拨码开关实质上就是编码开关，它是通过按动开关面板上的“+”“-”键来拨动挡位的表盘，从而达到调节娱乐挡位的目的。电子式拨码开关是通过按动面板上的“+”“-”键来调节挡位的显示数字，从而达到调节麻将机娱乐挡位的目的。

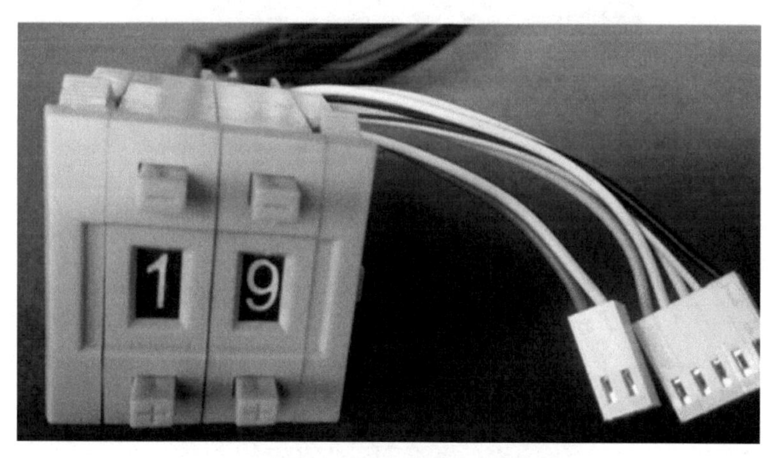

图3-8　机械式拨码开关

检测机械式拨码开关主要检查按动“+”“-”按键，观察表盘的数字是否变化，若不能变化，则说明拨码挡位开关的表盘已损坏，需要更换整个拨码开关。

检测电子式拨码开关可用万用表检测其供电电压是否正常，正常应有+5V供电，如图3-10所示。如果拨码开关的供电电压正常，则断开拨码开关与主板的插接器，静态检测拨码插接器的GND脚与其他脚之间的电阻值是否正常，有没有阻值为0的情况。正常应没有阻值为0的引脚，若有则说明拨码开关已损坏，需要更换通用或专用的拨码开关。相关检测扫码看视频。

3-5检测电子式拨码开关

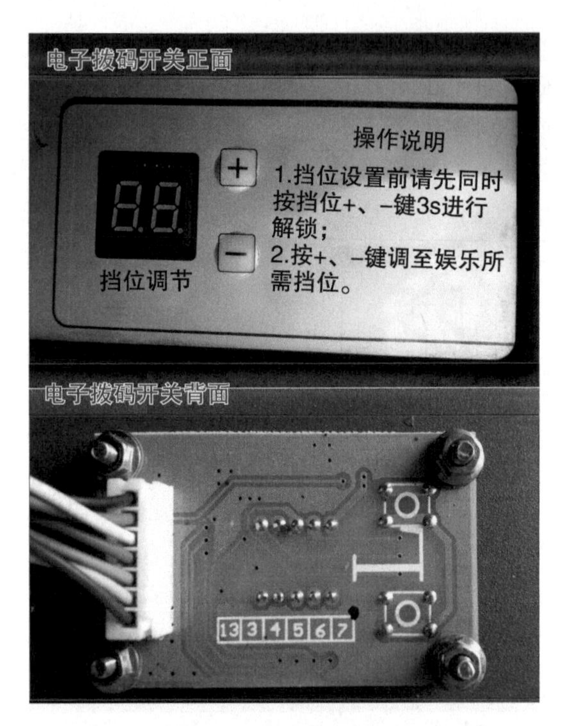

图3-9　电子拨码开关

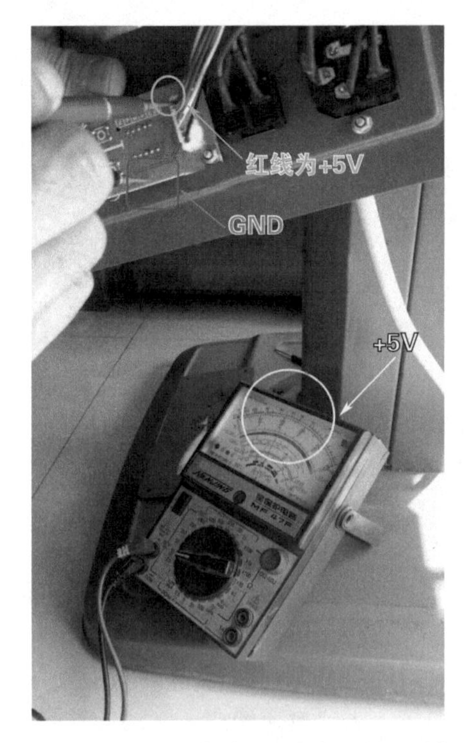

图3-10　用万用表检测供电电压是否正常

四、电动机的识别与检测

电动机是麻将机的主要动力部件，而且麻将机中使用的电动机较多。麻将机电动机大多采用交流110V/50Hz爪极式永磁同步电动机（如图3-11所示）。由于该类电动机一般内置了减速齿轮，所以驱动轴大多不在电动机的中心点上，而是在中心点的外侧。

图3-11　爪极式永磁同步电动机

顾名思义爪极式永磁同步电动机的磁极是爪极式的，转子为永磁体的，且转子是多极的永磁磁钢，定子是爪极与爪极之间偏 90° 电角度，爪极外套有一个定子线圈。爪极式永磁同步电动机由单相电源供电，定子线圈上的交流电振荡产生两相垂直定子的旋转磁场，旋转磁场同时将爪极磁化，磁化后的爪极与多极永磁磁钢相互产生磁场吸力，从而驱动永久磁钢转子旋转。可通俗理解为：电动机定子线圈产生的旋转磁场吸引定子永磁铁一起旋转。由于电动机是爪极被定子线圈磁化，而定子线圈中通入的是50Hz交流电，根据右手定则，定子线圈（相当于螺线管）的N、S极交替变化，被磁化的爪极的N、S也交替变化，爪极的S极吸引多极转子磁钢的N极，爪极的N极变S极，S极变N极，而转子的N、S多极是固定不变的，交流电流方向变化一次，类似于爪极拉动转子磁钢转动一格，爪极就相当于旋转的磁铁。如图3-12所示单相爪极式永磁同步电动机示意图，麻将机爪极式永磁同步电动机由于电容的移相作用，需要三相定子绕圈，如图3-13所示，但其工作原理与单相爪极式永磁同步电动机类似。磁钢转子通过转子轴输出动力，转子轴与减速器配合，根据计算设计可以输出不同的转速和力矩，供麻将机不同的驱动部件使用。所以，同一台麻将机上有不同转速的电动机。

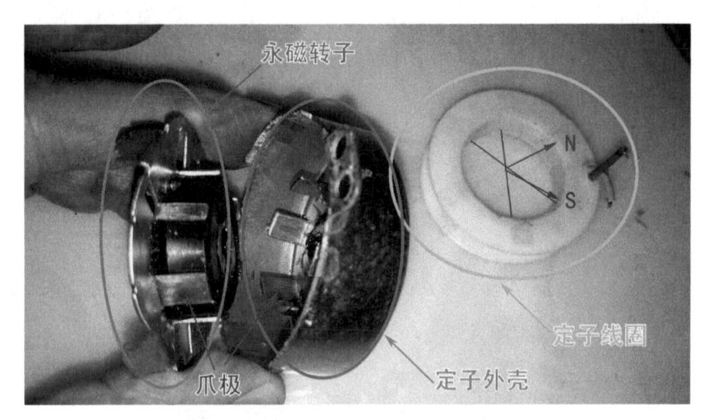

图3-12 单相爪极式电动机工作原理示意图

图3-13 麻将机爪极式永磁同步电动机定子爪极绕组

麻将机的电动机都是采用交流110V爪极式永磁同步电动机，需要启动电容（如图3-14所示），其转速与电压关系不大，但与电源频率关系密切。在电源频率精准的情况（我国交流电源的频率为50Hz），其转速相对精准，故可用于对转速要求较高的设备上。

识别麻将机电动机主要看清楚电动机铭牌上的技术参数。麻将机电动机有铜线电动机和铝线电动机两种，铜线电动机比铝线电动机耐用，铜线电动机一般在铭牌标有全铜字样，铝线电动机有铜包铝、铝等字样。电动机漆包线耐热等级：C级（200℃）、H级（180℃）、F级（155℃）、B级（130℃）、E级（120℃）、A级（105℃）。麻将机电动机一般采用B级或E级电动机。IP表示电动机的防护等级，

图3-14　爪极式永磁同步电动机与启动电容

第一个数字表示电动机防尘、防止外物侵入的等级（这里所指的外物含工具，人的手指等均不可接触到电器内之带电部分，以免触电）；第二个数字表示电器防湿气、防水侵入的密闭程度，数字越大表示其防护等级越高。比如：IP40，第一位4表示防止大于1.0mm的固体物侵入，数字越大表示防护等级越高，第二位表示防水，0表示没有防水功能。电动机的工作时间参数有S1（连续）、S2（短时）、S3（断续周期）等，麻将机电动机的工作时间参数一般为S2，表示不能连续长时间工作。麻将机电动机还有所配电容的大小和耐压参数，例如3.5μF/250V，表示电容的容量为3.5μF，耐压为250V。铭牌上的电动机功率有输入功率和输出功率，一般是输入功率大，输出功率小，因为麻将机的电动机是短时断续工作，平均输出的功率自然就小；电动机转速是麻将机电动机的一个重要参数，不同类型的电动机，其转速是不相同的；电动机类型参数有01电动机（叠牌电动机）、03电动机（升牌电动机）、04电动机（输送电动机）、06电动机（大盘电动机）、07电动机（中心升降电动机）等。如图3-15所示为识别麻将机电动机主要参数。

检测麻将机电动机之前先要检查电动机供电和电容是否正常，若供电和电容均正常，再进一步检测电动机绕组之间的电阻是否正常，正常情况下，绕组之间有数百欧的电阻（如图3-16所示），绕组与外壳之间的绝缘电阻应为无穷大（如图3-17所示）。若测试的电阻值不稳定或电阻值明显偏小，则说明该电动机可能存在故障。相关检测扫码看视频。

3-6检测麻将机电动机

五、电容的识别与检测

麻将机中使用最多的电容就是电动机电容，麻将机电动机电容器是聚丙烯电容器的一种，它是启动麻将机电动机不可缺少的辅助元件，其作用是在不增加启动电

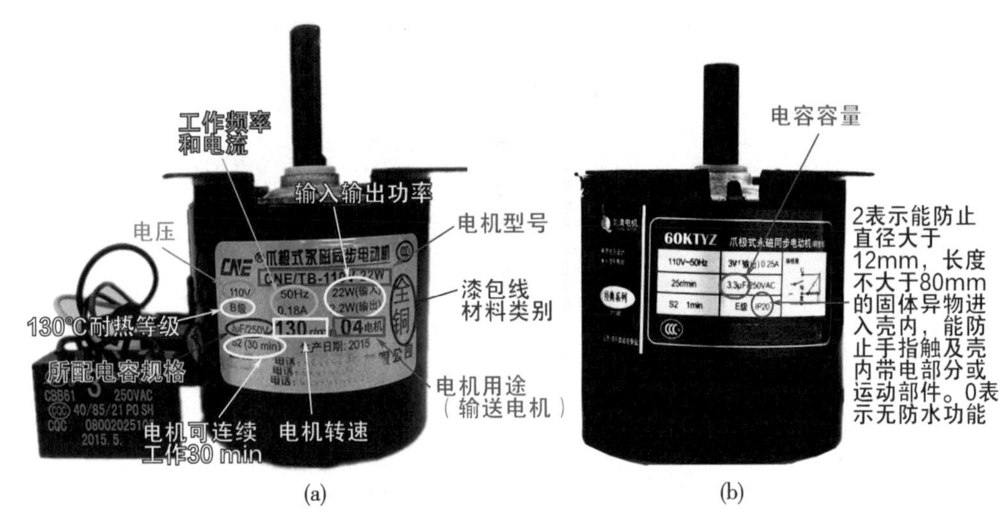

(a) (b)

图3-15　识别麻将机电动机主要参数

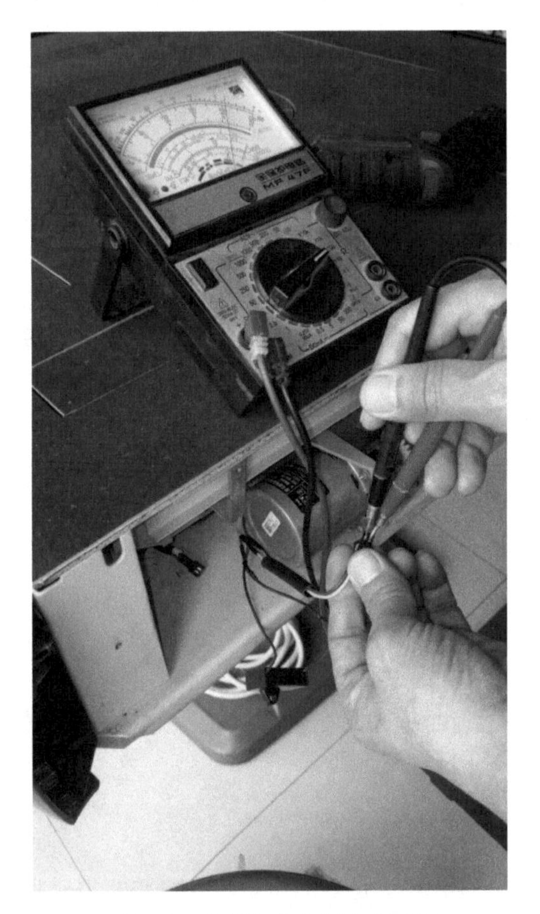

图3-16　检测绕组之间的电阻值

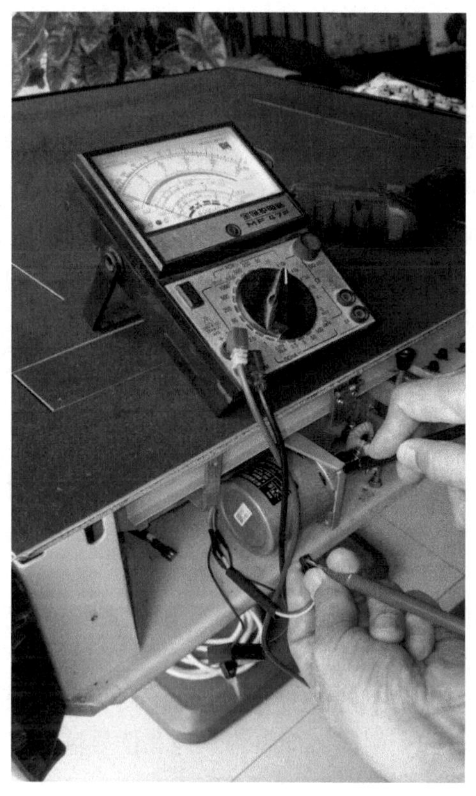

图3-17　检测绕组与外壳之间的绝缘电阻值

流的情况下增加电动机的启动转矩，使麻将机电动机转子顺利转动。麻将机电容的容量较大，一般为2~4μF，外形与常见电路板上的电容器差别较大（如图3-18所示）。

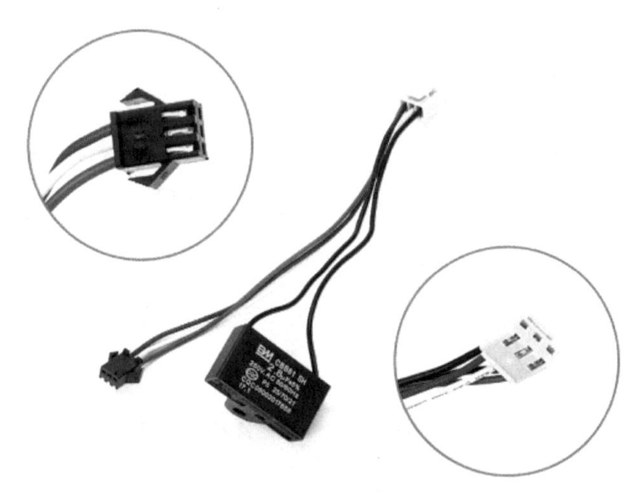

图3-18　麻将机电动机电容

检测麻将机电动机电容是否损坏时，可将电容一端断开，然后将万用表置于$R\times100$或$R\times1k$挡，再将表笔接触到电容器的两极，若万用表的指针先指到低阻值，然后返回到高阻值，说明电容器有充、放电能力；若表针不能回到无穷大值，说明电容器已漏电或短路，应更换电容器。也可用带电容测试功能的数字万用表直接测量电容器的容量，若容量与标称值相符，则说明该电容器正常，反之异常。麻将机电动机电容更换时要根据原电容容量和耐压值进行选用，购买的容量误差应在原容量的20%以内，如相差太多，则电动机容易损坏。

3-7用数字万用表检测电容

六、霍尔元件的识别与检测

霍尔元件可用于检测磁场及其变化，是麻将机经常采用的控制型器件，机头磁控控制指令，升牌磁控在升牌过程中的精准控制，中心升降杆的升降控制多是采用霍尔器件来完成的。

霍尔元件中采用霍尔效应的半导体。所谓霍尔效应，是指磁场作用于载流金属导体、半导体中的载流子时，产生横向电位差的物理现象。如图3-19所示，是霍尔元件磁场和引脚定义及内部电路，通俗地说，霍尔元件就是一种电磁感应开关。麻将机上用的霍尔元件一般是3个引脚，即电源、地和信号输出三个引脚。

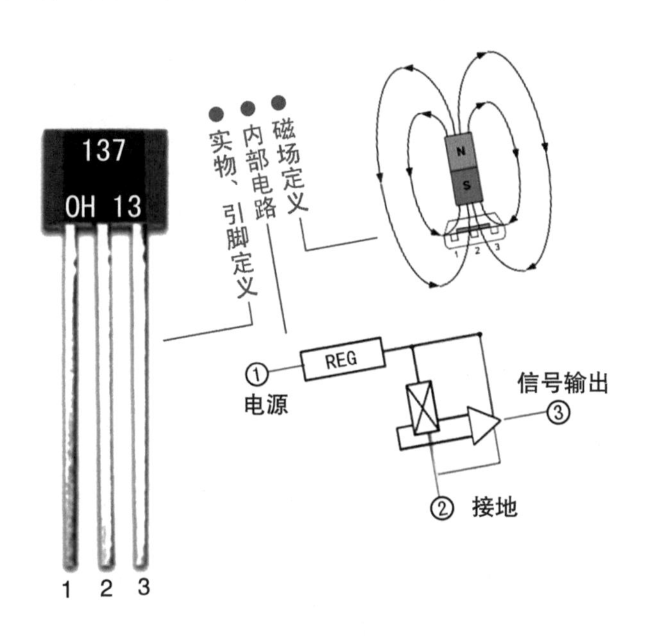

图3-19　霍尔元件引脚定义及内部电路

通常将霍尔元件分为开关霍尔元件（单极、双极）和线性霍尔元件等类型。麻将机电路中主要使用单极霍尔元件较多，例如OH 137开关霍尔元件在磁控电路中广泛地使用。

检测开关霍尔元件通常采用数字万用表的二极管挡进行检测，从而判断其性能好坏。检测方法如图3-20所示，正常情况下，检测结果有以下三种情况。

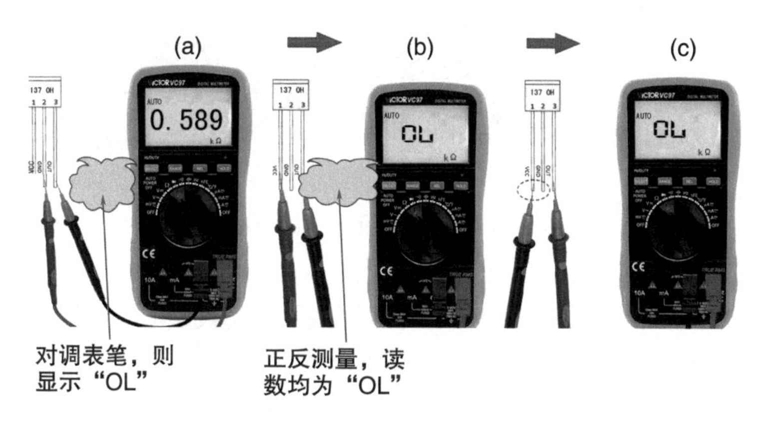

图3-20　开关型霍尔元件检测示意图

① 将黑表笔接信号输出脚，红表笔接电源负极引脚，阻值在0.589kΩ左右，对调表笔，则显示“OL”。

② 将红表笔接电源正极引脚，黑表笔接霍尔信号输出引脚，显示“OL”，对调表笔读数相同。

③ 将红表笔接霍尔信号输出引脚，黑表笔分别接电源正负极引脚，均显示“OL”。

开关型霍尔元件在信号脚与电源负极引脚上的测量中只有正向测量会显示阻值（约589Ω），对调表笔，则显示溢出。其他引脚的测量均显示溢出。

检测麻将机霍尔元件是否正常，采用指针式万用表与采用数字式万用表不光是表笔顺序不同，而且阻值也会不一样。检测霍尔元件最好采用数字万用表的二极管挡进行检测比较准确。

3-8检测麻将机霍尔元件

七、晶闸管的识别与检测

晶闸管在麻将机中应用得较多，通常用来控制麻将机电动机的供电开关。由于麻将机中的电动机较多，每一个电动机的正反转均需要一个晶闸管来进行控制，所以在麻将机中晶闸管采用得较多，如图3-21所示，而且大多采用双向晶闸管，例如BTB04系列晶闸管。

图3-21 在麻将机中采用的晶闸管

一般情况下，单向晶闸管按阴极K、阳极A、控制极G的引脚顺序排列（如图3-22所示），双向晶闸管的引脚一般情况下是按T1、T2、G的顺序排列的，但并不能以此作为确认依据，实际使用时应根据检测进行确定。

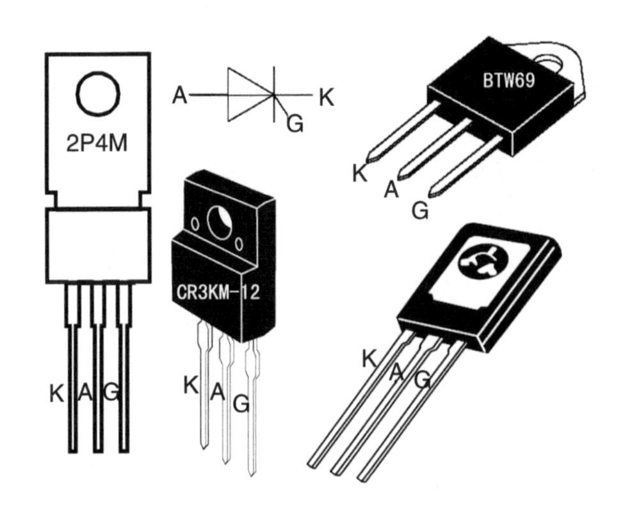

图3-22 单向晶闸管外形

检测单向晶闸管的方法也比较简单。由于单向晶闸管的G、K极之间只有一个PN结，因此它们之间的正反向电阻和普通晶体二极管一样，而A、K极之间的正反向电阻均应很大，根据这个原理就可以判别出各引出端的极性。

判定方法如图3-23所示，将万用表置于$R\times100$挡，黑表笔任接单向晶闸管某一脚，红表笔依次去触碰另外两个脚，如测量阻值分别为几百欧和几千欧，则可判定黑表笔所接的为控制极G。测量中阻值为几百欧的，红表笔接的便是阴极K，而阻值为几千欧的，红表笔接的是阳极A。如果两次测出的阻值都很大，说明黑表笔接的不是控制极G。

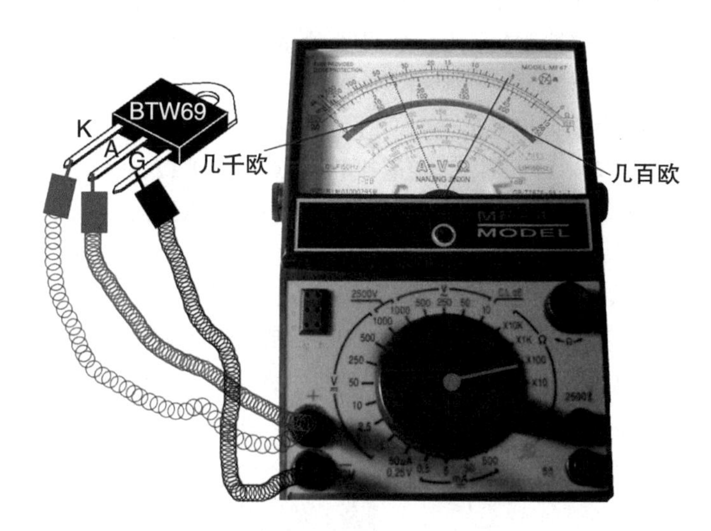

图3-23 单向晶闸管三个引脚极性的判别

检测双向晶闸管引脚极性的方法如下：用万用表的$R \times 100$挡分别测量晶闸管的任意两引出脚之间的电阻值，正常时一组为几十欧姆，另两组为无穷大，阻值为几十欧姆时表笔所接的两引脚为T1和G，剩余的一脚为T2。然后再判别T1和G。假定T1和G两电极中的任意一脚为T1，用黑表笔接T1，红表笔接T2，将T2与假定的G极瞬间短路，如果万用表的读数由无穷大变为几十欧姆，说明晶闸管能被触发并维持导通。再调换两表笔重复上述操作，若结果相同，说明假定正确。如果调换表笔操作时，万用表瞬间指示为几十欧姆，随即又指示为无穷大，说明原来的假定是错误的，因为调换表笔后，晶闸管没有维持导通，原假定的T1极实际上是G极，而假定的G极实际上是T1极，如图3-24所示。

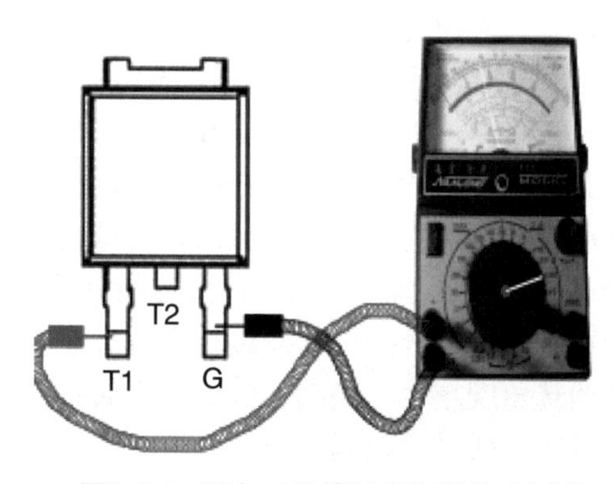

图3-24 双向晶闸管引出脚极性的判别

检测晶闸管是否损坏的方法如下。

检测单向晶闸管是否损坏的方法：将万用表置于$R\times10$挡，黑表笔接A端，红表笔接K端，此时万用表指针应不动，如有偏转，说明晶闸管已被击穿。用短线瞬间短接阳极（A）和控制极（G），若万用表指针向右偏转，阻值读数为10Ω左右，说明晶闸管性能良好。

检测双向晶闸管是否损坏的方法如下。

① 使用万用表$R\times1$挡，将红表笔接T1，黑表笔接T2，此时万用表指针不动。用导线将晶闸管G端与T2短接一下，若万用表指针偏转，则说明此晶闸管性能良好。

② 使用万用表$R\times1$挡，将红表笔接T2，黑表笔接T1，用导线将T2与G短接一下，若万用表指针发生偏转，则说明此双向晶闸管双向控制性能完好，如果只有某一方向良好，则说明该晶闸管只具有单向控制性能，而另一方向的控制性能已失效，如图3-25所示。

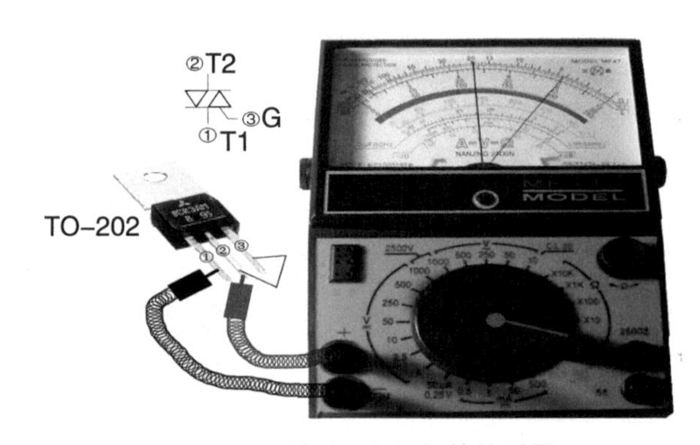

图3-25　判别双向晶闸管的质量

八、光耦合器的识别与检测

光耦合器缩称“光耦”，在电路中用字母符号“TLP”表示，是以光为媒介传输电信号的一种“电→光→电”转换器件，如图3-26所示。

判断光耦的好坏，可在路测量其内部二极管和三极管的正反向电阻来判断。检测方法如图3-27所示，将数字万用表置于NPN挡，光耦内接二极管的＋端①脚和－端②脚分别插入数字万用表的HFE的 c 、 e 插孔内，光耦内接光电三极管 c 极⑤脚接指针式万用表的黑表笔， e 极④脚接红表笔，并将指针式万用表拨在“$R\times1$k”挡。这样就能通过指针式万用表指针的偏转角度（实际上是光电流的变化）来判断光耦的情况。指针向右偏转角度越大，说明光耦的光电转换效率越高，即传输比越高，反之越低；若表针不动，则说明光耦已损坏。

图3-26　光耦识别

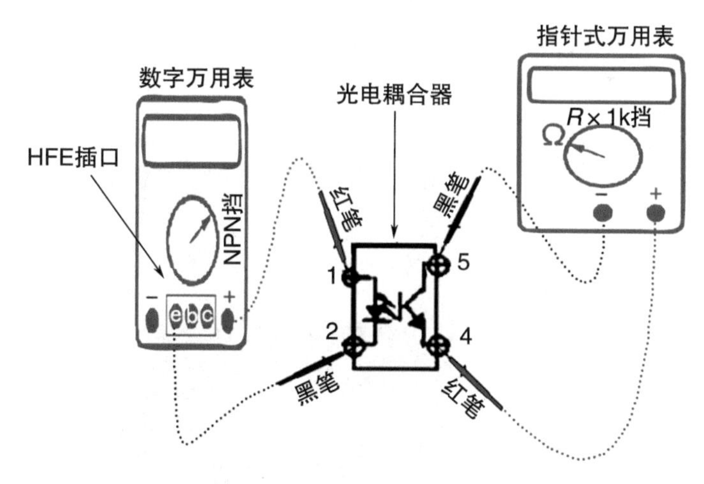

图3-27　万用表检测光耦示意图

九、压敏电阻的识别与检测

在麻将机的主板上大量使用压敏电阻（如图3-28所示），每一个控制电动机的输出端子均并联了一只压敏电阻，其作用是防止晶闸管因开关突波、雷击等引起的高电压冲击而烧坏电动机。

图3-28　压敏电阻

压敏电阻缩写为VDR，从压敏电阻的型号上一般可看出压敏电阻的尺寸和压敏电压等参数，例如10D471K，表示芯片直径为10mm，压敏电压为470V。

检测压敏电阻如图3-29所示，首先将万用表挡位调整到欧姆挡，然后根据压敏电阻器的标称阻值调整量程，然后进行零欧姆校正（调零校正），再将万用表表笔分别接在压敏电阻两引脚上，若测量压敏电阻两引脚之间的正、反向绝缘电阻均为无穷大，说明该压敏电阻器正常；若测得压敏电阻器的阻值很小，说明压敏电阻已损坏。

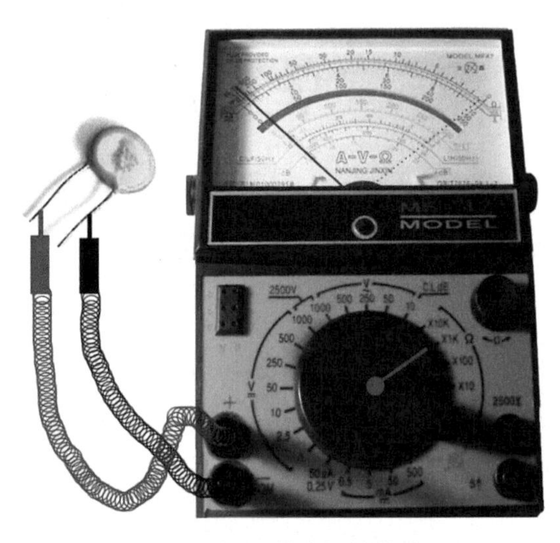

图3-29　压敏电阻的检测

压敏电阻器的阻值一般很大，因此在进行检测时，应尽量选择指针式万用表的较大量程（如$R\times1$k挡）。

十、贴片晶体管的识别与检测

贴片晶体管包括晶体二极管、晶体三极管和场效应管等，在麻将机的主板和各类传感器板上均有采用（如图3-30所示）。贴片晶体管一般采用代码标注法，可通过代码查询到该贴片晶体管的具体型号。例如M6贴片晶体管的型号为S9015三极管。

图3-30　麻将机上的贴片晶体管

测试此类贴片元件时，首先进行在路检测（如图3-31所示测试贴片晶体管的极间电阻是否正常，有没有阻值为0的情况），大致判断晶体管是否击穿。若怀疑存在故障，则焊下来开路测量，以进一步判断是否损坏。

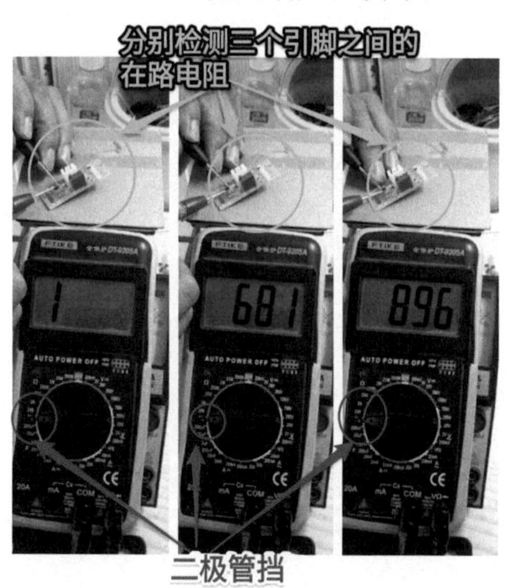

图3-31　测试贴片晶体管的好坏

麻将机处于正常工作状态时检测麻将机不太方便，因为麻将机的大部分动作都是在短时间快速完成的，检测起来很麻烦。所以，在路检测麻将机最好的办法就是不放麻将牌到麻将池，让麻将机工作。此时，麻将机检测不到麻将牌，工作几分钟后就会停机保护，所有的执行机构都不会动作，但所有的电路都处于加电状态。这时对各电路进行检测是最佳时机，维修人员可以慢慢地仔细检测，并可进行各种状态下的人为模仿和调试。

第四章

全自动麻将机维保工具使用

第一节　通用工具使用

一、旋具和扳手

拆修麻将机的旋具有十字和一字磁性旋具（如图4-1所示），选用3~5mm的小型旋具，用来分离麻将机机内的卡扣。还需要选用电动旋具来拆装麻将机的机体螺钉。

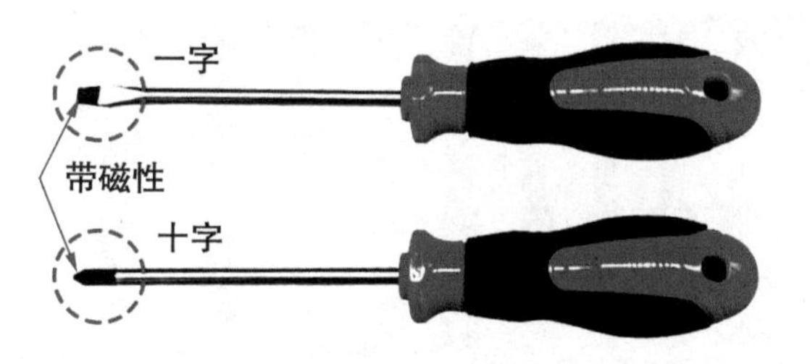

图4-1　十字和一字磁性旋具

扳手（见图4-2）只要有几只活动扳手和几只梅花扳手就可以了，用来拆装外六角螺母，拆装麻将机主体和脚架。

麻将机上除一字、十字螺钉外，还有内六角和梅花螺钉，所以电动旋具（见图4-3）还需要配备内六角批头（见图4-4）和梅花批头（见图4-5）。并且要根据螺钉型号选用相匹配的型号，否则容易损坏螺钉的棱角。

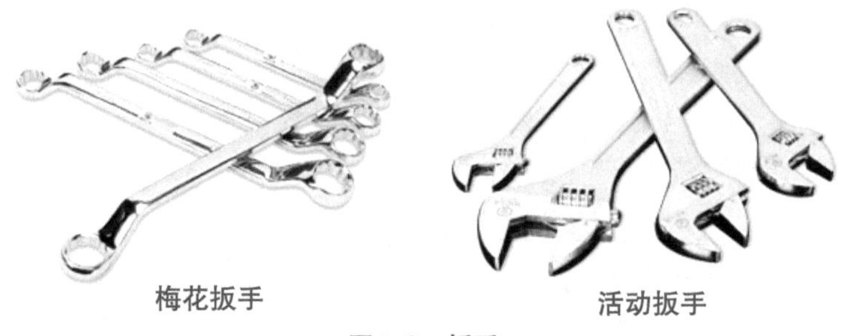

图4-2　扳手

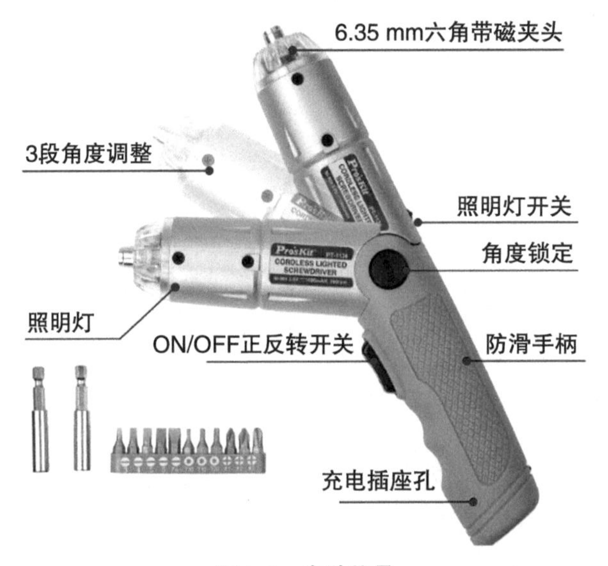

图4-3　电动旋具

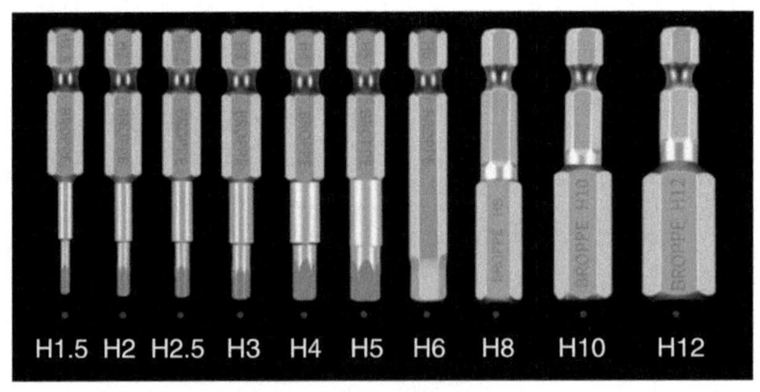

图4-4　内六角批头

二、镊子和钢尺

镊子有尖头、弯头和平头三种，选用150mm的小型镊子较为合适，如图4-6所示。

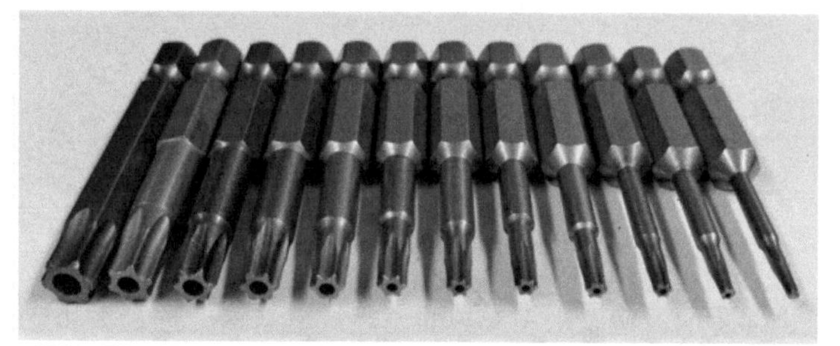

图4-5　梅花批头

图4-6　尖头、弯头和平头三种镊子

钢尺（如图4-7所示）用来测量麻将机各机械部件之间的距离，方便进行精确度调整。

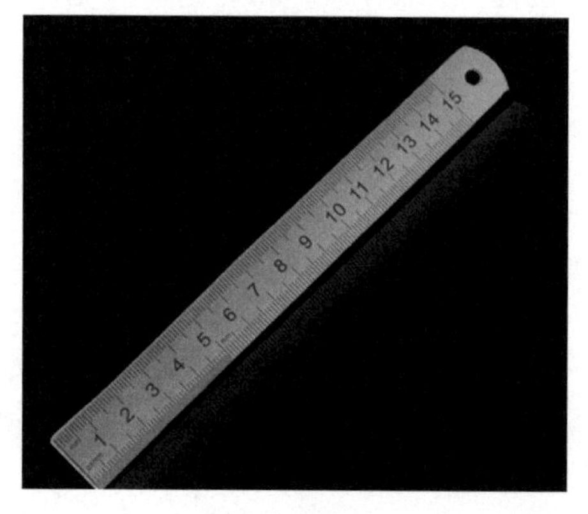

图4-7　钢尺

第二节　专用工具使用

一、电烙铁

电烙铁如图4-8所示，建议采用35W的外热式电烙铁，选直头和弯头两种烙铁头。直头烙铁头用来焊接电路板上的大件元器件，弯头烙铁头用来焊接贴片元器件和集成电路。

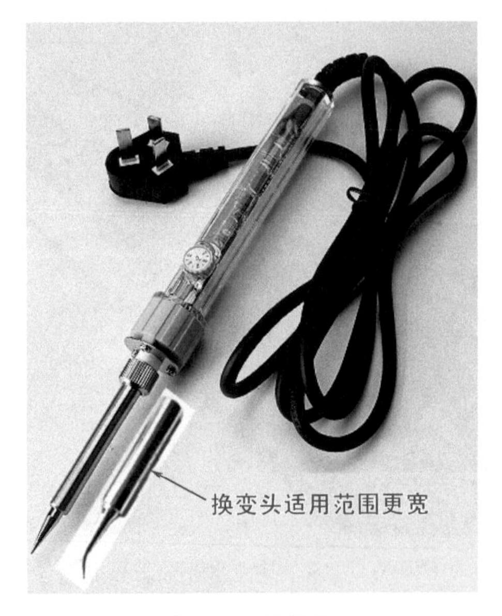

图4-8　电烙铁

使用电烙铁还需要松香（见图4-9）和焊锡丝（见图4-10）及吸锡器（见图4-11）。

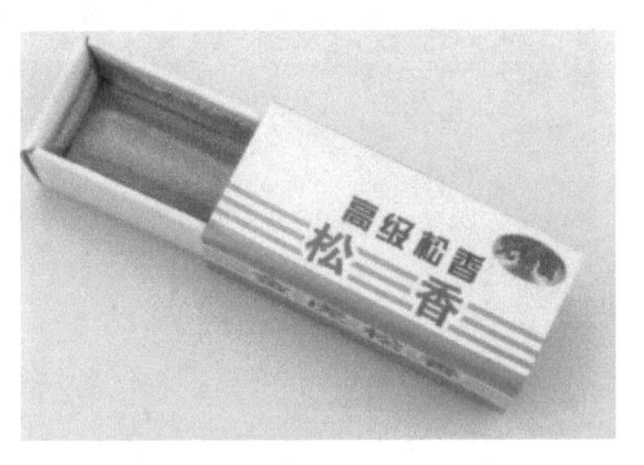

图4-9　松香

图4-10 焊锡丝

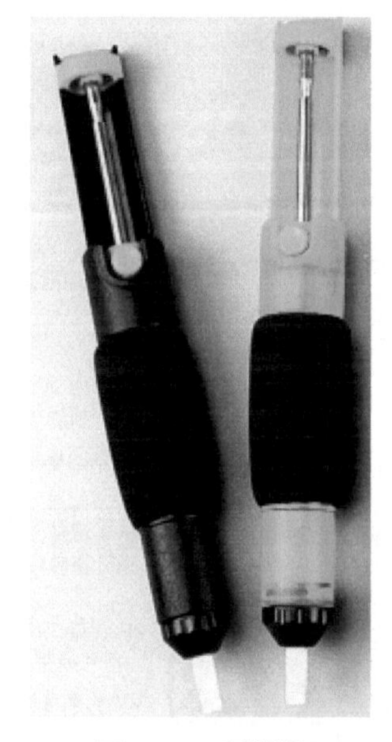

图4-11 吸锡器

二、万用表

万用表是万用电表的简称，又称为复用表、多用表、三用表等，是电子制作中必备的测量仪表，一般以测量电压、电流和电阻为主要目的。它是一种多功能、多量程的测量仪表，一般万用表可测量直流电流、直流电压、交流电流、交流电压、电阻和音频电平等，有的还可以测交流电流、电容量、电感量及半导体的一些参数（如β）等。

万用表按显示方式分为指针式万用表（见图4-12）和数字万用表（见图4-13），指针式万用表是以表头为核心部件的多功能测量仪表，测量值由表头指针指示读取；数字万用表的测量值由液晶显示屏直接以数字的形式显示，读取方使，有些还带有语音提示功能。万用表是公用一个表头，集电压表、电流表和欧姆表于一体的仪表。万用表有3个表盘表示，分别是欧姆、伏特和安培，它们分别表示电阻、电压和电流。如要测量电阻，就把拨盘拨到欧姆的位置，然后用两只表笔进行测量。测量出来的值乘上拨到挡位的单位就可以了。电流和电压都是一样的测量方法，也可以测试出其中的两样用欧姆定律来进行计算，公式为电流=电压/电阻。

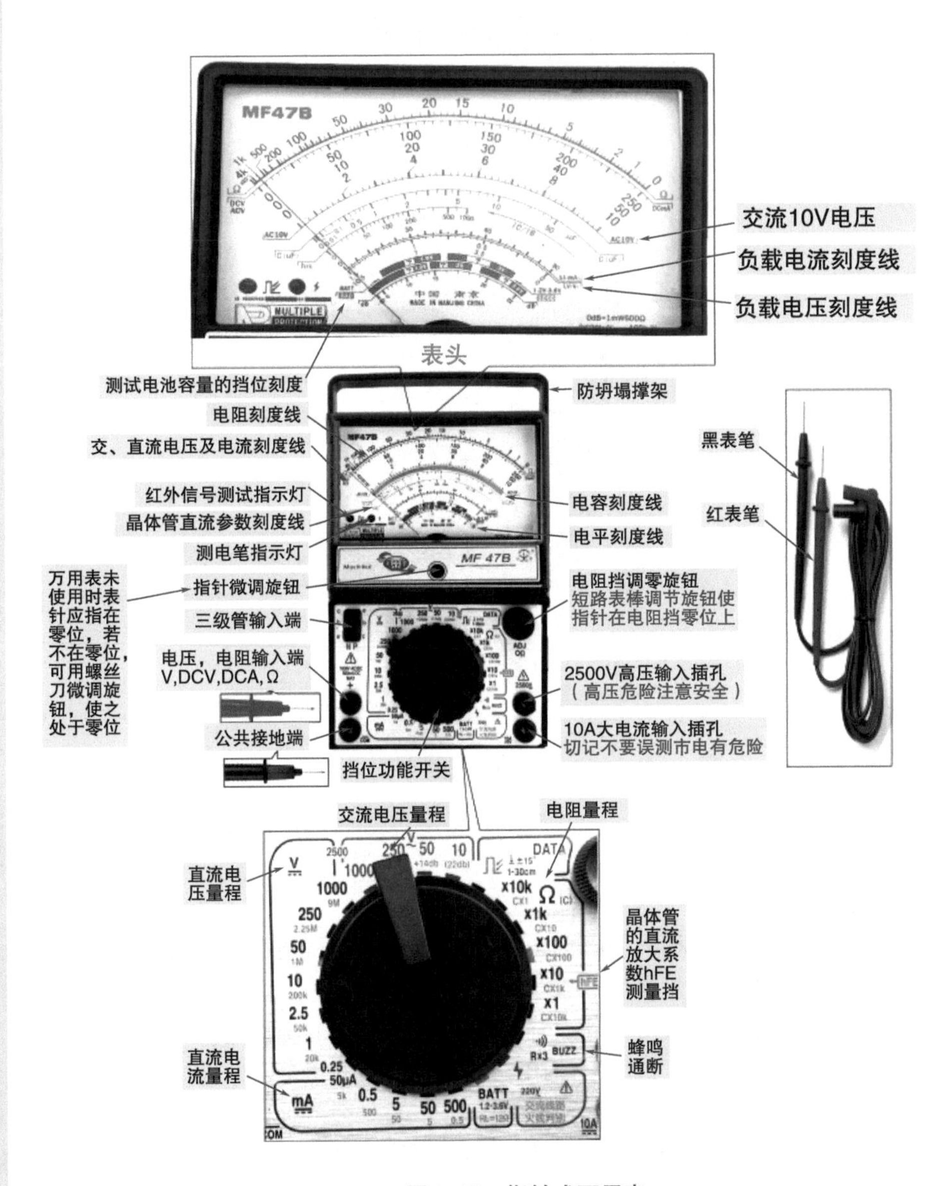

图4-12　指针式万用表

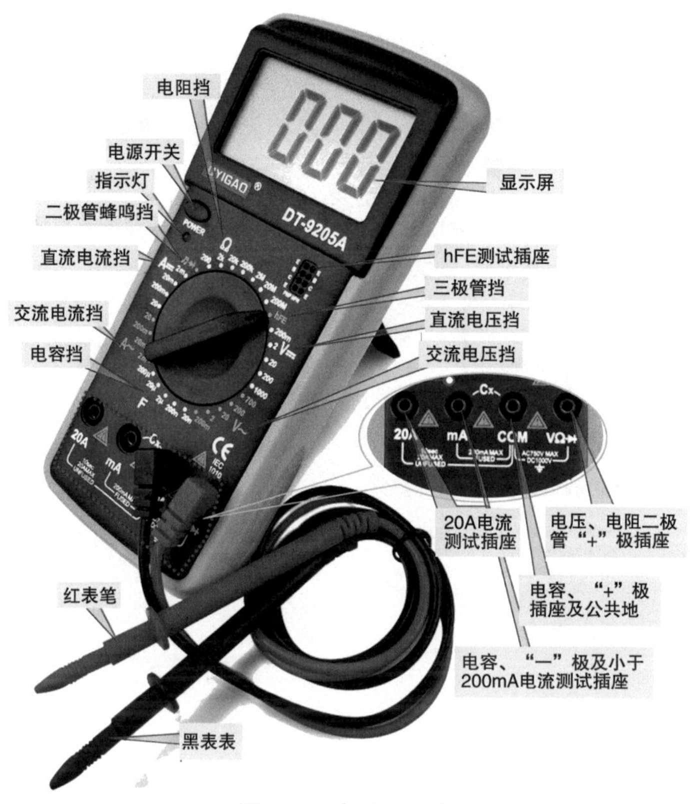

图4-13　数字万用表

选用数字万用表时，建议选用可测量电容的数字万用表，方便测量麻将机的电动机电容是否正常。

三、热风拆焊台

热风拆焊台（如图4-14所示）用来拆焊集成电路和贴片元器件，应根据所拆的元件大小选用不同的风嘴。

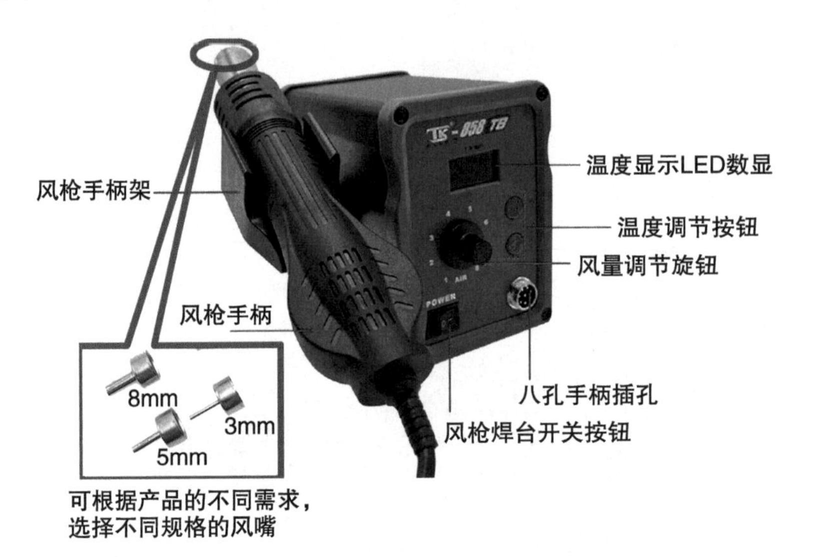
温度显示LED数显
风枪手柄架
温度调节按钮
风量调节旋钮
风枪手柄
8mm
3mm
5mm
八孔手柄插孔
风枪焊台开关按钮
可根据产品的不同需求，
选择不同规格的风嘴

图4-14　热风拆焊台

第五章 全自动麻将机维修方法与技能

第一节 维修方法

一、感观法

感观法包括问、看、听、闻、摸等几种的方法。

（1）问

问是指维修人员在接修麻将机时，要仔细询问有关情况，如故障现象、发生时间等，尽可能多地了解与故障有关的情况。

（2）看

看是指维修人员上门修故障麻将机，拆开机壳，先观察故障指示灯是否闪烁，再对内部各部分和麻将机的工作状况进行仔细观察，进而发现故障部位。此方法是应用最广泛，且最有效的故障诊断方法。

（3）听

听是指仔细听麻将机工作时的声音。正常情况下，麻将机洗牌和叠牌时有较大的声音，其他环节声音较小。若有不正常的声音，通常是电源变压器、电动机等电感元器件或机械部件存在故障。

（4）闻

闻是在麻将机通电时闻机内的气味，若有烧焦的特殊气味，并伴有冒烟现象，通常为电源短路或元器件烧坏引起，此时需断开电源，拆开机器进行检修。

（5）摸

摸是指通过用手触摸元器件或电动机表面（如图5-1所示），根据其温度的高低，判断故障部位。元器件正常工作时，应有合适的工作温度，若温度过高，则意味着存在故障。

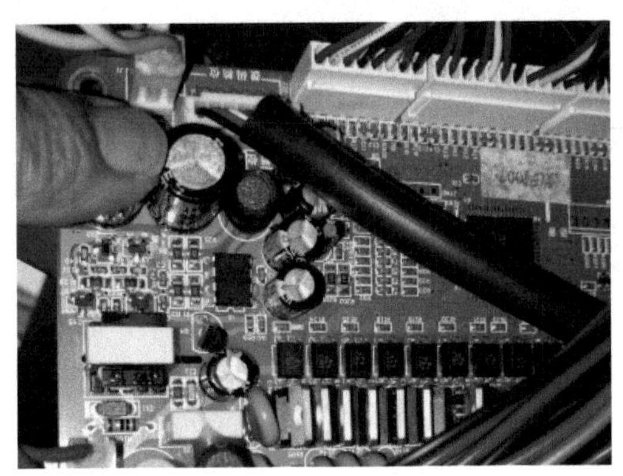

图5-1　手触摸元器件表面

二、经验法

经验法是凭维修人员的基本素质和丰富经验，快速准确地对麻将机故障做出诊断。例如麻将机出现无反应、不开机故障时，若电源指示灯不亮，则可以确定故障出在电源上。

例如麻将机出现卡牌故障，则要区分卡牌的部位在哪个系统，虽然都是卡牌故障，但卡在不同的部位，其检修方法是完全不一样的。若卡牌卡在叠牌位置（如图5-2所示），则说明机头有故障，重点检查机头推杆、机头磁控、机头光控和机头内部的润滑情况是否正常；若卡牌卡在送牌传动带上，则说明送牌传动带或送牌轨道存在问题，重点检查送牌传动带是否脏污，送牌轨道是否存在卡阻现象；若卡牌卡在升牌系统，则重点检查升牌系统的定位磁控盘是否松动，升牌电动机与升牌驱动轴的轴套螺钉是否松动，摇臂定位是否不准确等。

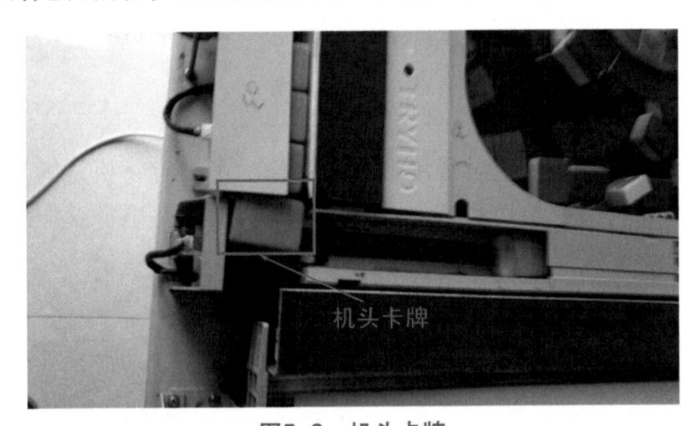

图5-2　机头卡牌

又例如麻将机洗牌时不能洗完牌，总有个别麻将牌不能吸上，造成洗牌大盘和送牌传动带反复转动而不能全部将麻将牌吸到送牌传动带上，从而出现麻将机报警停机故障。这是个别麻将牌消磁、卡在洗牌池或牌掉在洗牌池之外的故障表现，因为该麻将牌消磁了、卡在洗牌池的某处或掉在洗牌池之外，如图5-3所示，大盘底部的翻牌磁场无法将其翻转，吸牌轮也就无法将其吸上传动带，各计数光控通过计数后发现没有达到拨挡开关设定的麻将数量，于是电脑板就反复地驱动大盘和送牌传动带旋转，以寻找最后一个麻将牌。但寻找一定时间后，最后一个麻将牌还是没有送到计数光控，电脑板就不能发出洗牌完成的指令。于是发出故障报警，面板指示灯不停地闪烁，告诉玩家，麻将机存在故障。这是只要更换一个磁性正常的麻将牌放入洗牌池，再按操作键，麻将机会立即将最后一个牌吸上，并发出洗牌完成的提示声。

这些都是实际维修中得来的经验，在检修中特别有用。

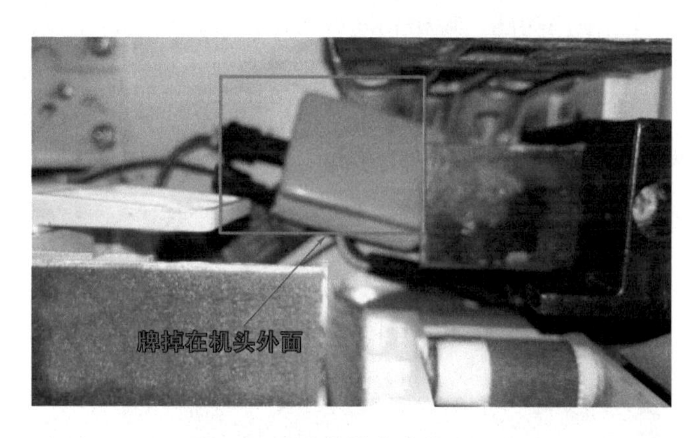

图5-3　麻将牌掉在洗牌池之外

三、代换法

代换法是麻将机维修中十分重要的维修方法。根据代换元器件的不同，又可分为两种：元器件代换法与模块代换法。

1.元器件代换法

元器件代换法是指采用同规格、功能良好的元器件来替换怀疑有故障的元器件，若替换后，故障现象消除，则表明被替换的元器件已损坏。例如上门维修时没带能测电容容量的万用表，但怀疑麻将机电动机电容容量减少（如图5-4所示），即可代换一个同规格的新电容，代换后故障消失，则说明该电容存在故障。

图5-4　代换电容

2.模块代换法

模块代换法是指采用功能、规格相同或类似的电路板进行整板代换。这种代换法在维修麻将机的光控板、磁控板故障时用得较多。该维修方法排除故障彻底，在上门维修中经常用到，例如光控板的代换（如图5-5所示），换新光控板后，故障消失，则说明原光控板存在故障。

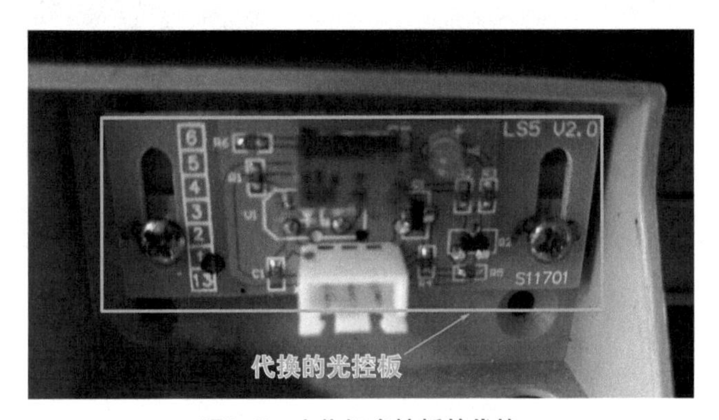

图5-5　麻将机光控板的代换

四、测试法

维修麻将机时通常使用信号波形测试法或使用电流测试法、电压测试法、电阻测试法，通过测量结果来判断故障点，该方法适用范围较广。

1.信号波形测试法

信号波形测试法是用手持示波器（如图5-6所示）对麻将机中信号的波形进行检测，并通过对波形的分析来判断故障的一种方法。例如检测光控板上光信号强度的波形，在测量波形时，需测量其幅度及波形的周期，以便准确地判断出故障的范围。该测试法技术难度相对较大，要求维修人员使用示波器，并熟悉各种信号的标准波形，且能从实际波形和标准波形的差别中分析出故障。

图5-6 手持示波器

2.电流测试法

电流测试法是用万用表检查电源电路的负载电流，目的是为了检查、判断负载中是否存在短路、漏电及开路故障，同时也可判断故障在负载还是在电源。可用交直流钳形电流表测量电源输出的交、直流电流是否明显偏大，从而判断出负载电路是否存在短路故障，如图5-7所示。

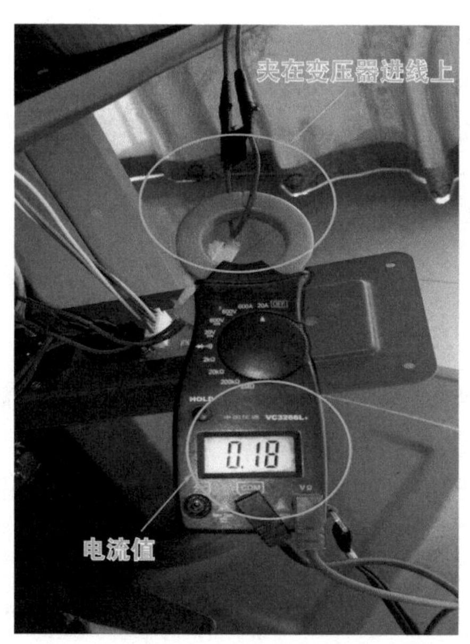

图5-7 用交直流钳形电流表测电源总电流是否明显偏大

3.电压测试法

电压测试法是检查、判断麻将机故障时应用最多的方法之一，其通过万用表测量电路主要端点的电压和元器件的工作电压，并与正常值对比分析，即可得出故障判断的结论。测量所用万用表内阻越高，测得的数据就越准确。电脑板上有很多电压测试点，如图5-8所示。检修时主要检测这些检测点的电压是否明显异常。

图5-8　电脑板上的电压测试点

按所测电压的性质不同，又分为静态电压、动态电压。静态电压是指麻将机不接收指令条件下的电路工作状态，其工作电压即静态电压，它常用来检查电源电路的整流和稳压输出电压及各级电路的供电电压等。动态电压是麻将机在接收指令处于工作状态下的电路工作电压，它常用来检查判断用测量静态电压不能或难以判断的故障。判断故障时，可结合两种电压进行综合分析。

4.电阻测试法

电阻测试法就是利用万用表的欧姆挡，测量电路中可疑点、可疑元器件以及芯片各引脚对地的电阻值，然后将测得数据与正常值比较，可以迅速判断元器件是否损坏、变质，是否存在开路、短路，是否有晶体管被击穿短路等情况，此法适用于断电静态检测。

电阻测试法又分为“在线”电阻测试法、“脱焊”电阻测试法。“在线”电阻测试法是指直接测量麻将机电路中的元器件或某部分电路的电阻值；“脱焊”电阻测试法是将元器件从电路上整个拆下或仅脱焊相关的引脚，使测量数值不受电路的影响再测量电阻。

使用“在线”电阻测量法时，由于被测元器件大部分要受到与其并联的元器件或电路的影响，万用表显示出的数值并不是被测元器件的实际阻值，使测量的正确性受到影响。与被测元器件并联的等效阻值越小于被测元器件的自身阻值，测量误差就越大。

五、拆除法

在维修麻将机时拆除法也是一种常用的维修方法，该方法适用于某些滤波电容器、旁路电容器、保护二极管、补偿电阻、压敏电阻等元器件击穿后的应急维修。有些保护性元器件拆除后，麻将机还能正常工作，只是失去了保护作用，例如压敏电阻击穿后，一时没有代换元件，可拆除该元件（如图5-9所示），麻将机也能正常工作，但失去了保护作用。拆除后某元件观察故障现象的变化情况对判断故障部位特别有用。

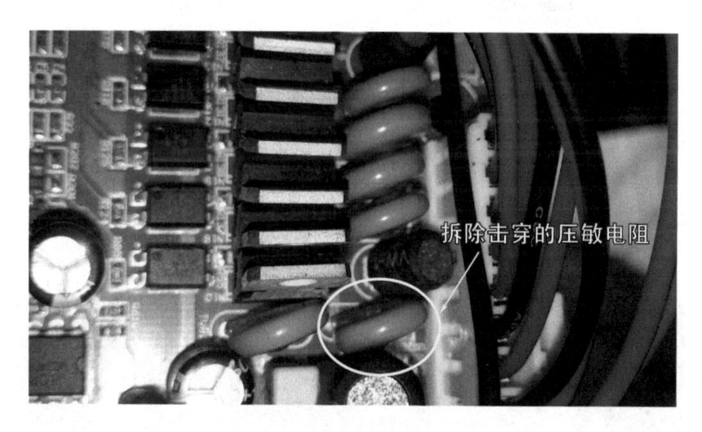

图5-9　拆除击穿的压敏电阻

六、人工干预法

人工干预法主要是在麻将机出现软故障时，采取加热、冷却、振动和干扰的方法，使故障尽快暴露出来。

1.加热法

加热法适用于检查在加电后较长时间（如1～2h）才产生故障或随季节变化产生的麻将机故障，其优点主要是可明显缩短维修时间，迅速排除故障。常用电吹风和电烙铁对所怀疑的元器件进行加热，迫使其迅速升温，若随之故障出现，便可判断其热稳定性不良。由于电吹风吹出的热风面积较大，通常只用于对大范围的电路进行加热，对具体元器件加热则用电烙铁（如图5-10所示）。

图5-10　具体元器件加热则用电烙铁

2.冷却法

通常用酒精棉球敷贴于被怀疑的元器件外壳上（如图5-11所示），迫使其散热降温，若故障随之消除或减轻，便可断定该元器件热稳定性不良，需要加散热片或直接更换。

图5-11　用酒精棉球敷贴于被怀疑的元器件上

3.振动法

振动法是检查虚焊、开焊等接触不良引起软故障的最有效方法之一。通过直观检测后，若怀疑某电路有接触不良的故障时，即可采用振动或拍打的方法来检查，使用工具（螺钉旋具的手柄）敲击电路或用手按压电路板、搬动被怀疑的元器件，便可发现虚焊、脱焊及印制电路板断裂、接插件接触不良等故障的位置。若发现按压后故障有变化，则用热风枪加热按压部位的元器件（如图5–12所示），使元器件上的虚焊点重新熔焊好。

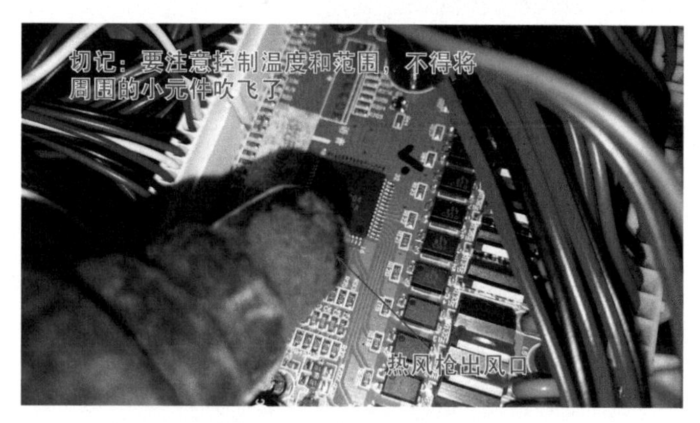

图5–12　用热风枪加热虚焊部位的元器件

第二节　维修技能

根据故障现象判断故障部位是麻将机维修的基本方法，以下介绍如何根据故障现象判断故障部位。

（一）麻将机洗牌上牌速度明显偏慢

故障原因及部位：翻牌牛筋部分脱落（如图5–13所示）、机头速度异常、送牌槽内有杂物、拨牌弹簧不良、吸牌磁轮转速偏慢且与大盘明显不同步等。

（二）机头卡牌

故障原因及部位：机头与送牌槽的行程位置调节不正确，正常情况下，机头挡牌板与输送槽之间的距离刚好为麻将牌对角线的长度即最佳；机头光控传感器的感光距离偏长，正常应为10mm左右；机头驱动电动机内部的齿轮损坏；机头叠牌器与承牌座没有处于水平的位置（如图5–14所示）；机头挡牌板与推牌板的位置调节不正确。

（三）升牌台与桌面不水平

故障原因及部位：桌面防噪胶垫没有粘贴水平、升到最高位时升牌摇臂不垂直、轴套或伞齿固定螺钉松动（如图5–15所示）、面板支架上的螺钉松动或面板

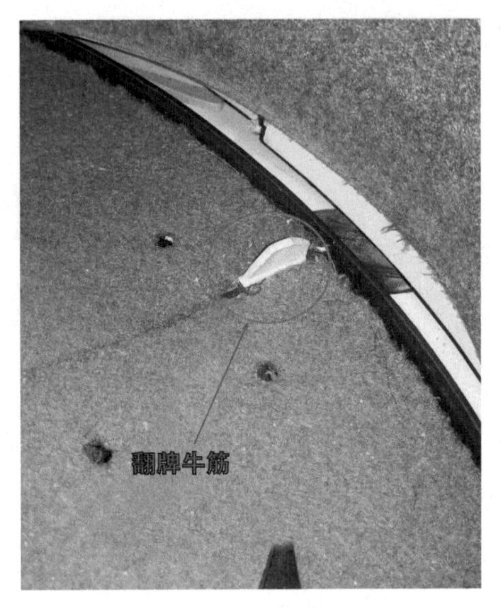

图5-13　翻牌牛筋

图5-14　机头叠牌器与承牌座没有处于水平的位置

变形。

当磁控定位盘的螺钉松动后造成定位不准，也会出现升牌台与桌面不水平。此时应重新安装磁控定位盘，其安装方法可扫码看视频。

5-1安装磁控定位盘

（四）最后几颗麻将牌总是洗不上来

故障原因及部位：拨牌弹簧断裂脱落、麻将牌没有磁或太潮湿、翻牌磁铁磁性不好或是位置不正确、翻牌牛筋块全部脱落。

图5-15　轴套或伞齿固定螺钉松动

（五）输送传动轮毂发响

故障原因及部位：输送轮毂轴生锈、轮毂轴承磨损、轮毂轴承缺油。

（六）输送带打滑跑偏

故障原因及部位：输送带胀紧弹簧力度不够、输送电动机主动轮轴变形、输送传动带沾油打滑。

（七）中心控制盘与桌面不水平

故障原因及部位：电控箱内升降盘高低调节螺钉松动、麻将桌的面板变形。

（八）机头不推牌或推单牌

故障原因及部位：机头光控传感器的高低位置调节不正确（以第一张牌的3/4白色面为标准）、机头光控感应距离过长、机头光控传感器太脏或损坏、光控传感器安装位置过低。

（九）机头不停地运转

故障原因及部位：机头磁控板被异物堵住、机头光控板上有油类物质、机头插接器接触不良、电脑主板控制程序出错。

（十）升牌时有一面升不上或者不动作

故障原因及部位：升牌摇臂被异物卡住无法降到底、升牌铝条下面有麻将牌卡住、升牌条一头卡在弯角的地方、电脑板程序控制出错。

（十一）升牌铝条上下动作不停

故障原因及部位：电脑主板上的晶闸管被击穿、升降磁控盘上的磁钢脱落、升降磁控盘中心固定螺钉松动、外界干扰过大。

（十二）中心控制盘骰子不停跳或不跳

故障原因及部位：面板按钮接触不良、骰子电动机三极管损坏、电源没有12V交流电。

（十三）中心控制盘不升降或不断升降

故障原因及部位：控制盘按钮失灵、控制板插接器接触不良、升降电动机轴的固定螺钉掉了、升降电动机损坏。

（十四）打开电源，麻将机不会自动复位，也无蜂鸣声

故障原因及部位：麻将机烧了保险或开关损坏造成无电源（如图5-16所示）、环形变压器损坏、环形变压器供电线断掉、主板上的开关电源损坏。

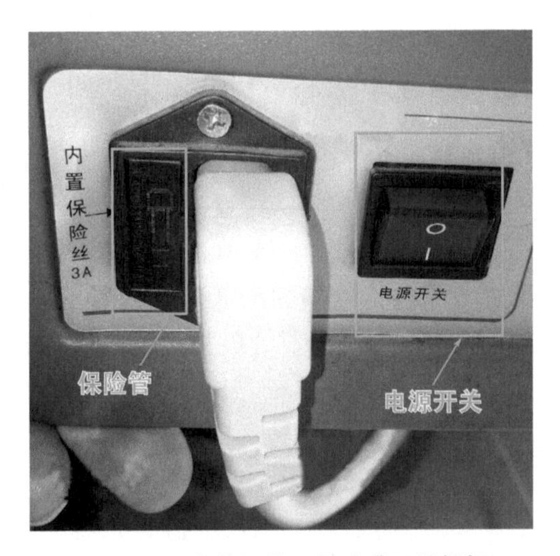

图5-16　麻将机烧了保险或开关损坏

（十五）麻将机工作过程中自动断电

故障原因及部位：220V电源开关松动、保险丝烧断、开关电源5V电源短路、扁平线短路、传感器击穿、控制盘骰子或其他电动机线圈短路。

（十六）麻将机电动机无力

故障原因及部位：电容失容、电动机内部的变速齿轮缺油、转子磁钢失磁等。修复电动机后一定要记得在齿轮上加凡士林。

多个旧电动机可修复成一个好电动机，电动机的旧配件可重复交换使用，比购买新电动机更划算。

第六章 全自动麻将机故障检修

第一节　单口麻将机检修实例

一、故障现象：单口麻将机最后几张牌吸不上来

故障原因：①磁圈与大盘最高点之间的距离太大；②磁圈有问题（如大橡胶圈、磁圈驱动轮等异常）引起与大盘未同步转动；③驱动轮下的小轴承损坏；④大盘内的牛角位置过低；⑤拨正块的位置不正确；⑥输送槽入牌口太小；⑦磁圈上的牛筋胶带已断、大盘上的牛筋胶带脱落或已断；⑧拨牌弹簧失去弹性；⑨电压过低；⑩麻将牌潮湿或太脏。

故障处理：①调节磁圈与大盘的间距；②更换异常部件；③更换轴承或驱动轮；④将牛角调整至合适位置；⑤调整拨正块的位置；⑥将输送槽入牌口扩大；⑦重装或更换牛筋胶带；⑧更换拨牌弹簧；⑨安装稳压器；⑩清洗麻将牌并用吹风机吹干。

更换驱动轮下的小轴承方法步骤→取下磁圈→取下大盘→取下传动带→拧下固定驱动轮的螺钉，卸下驱动轮→取下驱动轮内的小螺钉，用工具将坏的小轴承撬出，换上新的轴承。

二、故障现象：单口麻将机机头卡牌

故障原因：①推牌机头与输送槽的行程位置调节不当；②槽形光控（如图6–1所示）性能不良；③机头光控不良或其安装位置不当使感光距离偏长；④机头电动

机齿轮损坏；⑤机头叠牌器与道板不平。

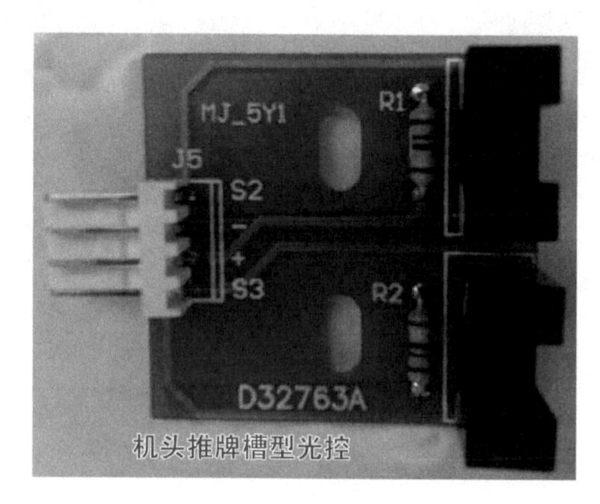

图6-1　槽形光控

故障处理：①调节推牌机头与输送槽的行程位置；②更换槽形光控；③更换机头光控或调整其位置；④更换电动机；⑤调整叠牌器与道板。

一般推牌机头挡牌板与输送槽之间的距离为麻将牌对角线长度最大。

三、故障现象：单口麻将机机头不能推牌

故障原因：①机头推牌机构上的光控（光电传感器S1）不良或被异物挡住；②光控板上的电位器变值；③光控S1灵敏度太低；④麻将牌太脏；⑤推牌机头电动机接插件松脱或断线；⑥推牌机头电动机或电容损坏。

故障处理：①更换光控S1或清除异物；②更换电位器；③调整光控板上的电位器使S1的工作状态符合要求；④清洁麻将牌并擦干；⑤重插或修复接插件；⑥更换机头电动机或电容。

S1俗称计数光控，探测来牌的光控（图6-2），位于在传送带尽头机头叠牌处的一个方形光控（一般有发光管，有牌灯亮、牌走灯灭），控制来牌时机头电动机的动作（上面有一个电位器控制看牌的距离），灯亮不会灭机头推牌不停，灯灭不会亮机头无动作。

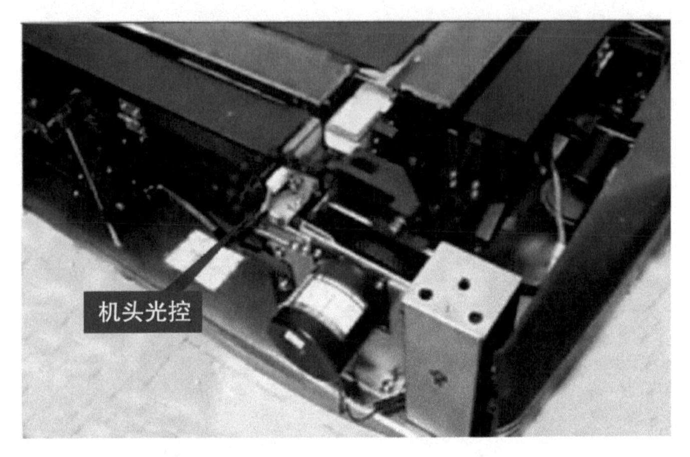

图6-2　机头光控

四、故障现象：单口麻将机出现有时推单张牌

故障原因：①S1光控位置偏低；②S3光控损坏；③主板有问题。

故障处理：①调整S1光控的位置，接第一张牌时，光控头看到牌的颜色交界面往下1~1.5mm；②更换S3光控；③更换主板。

S2、S3位于机头中间一个方形光控（遮光片挡住灯灭，不挡灯亮），外面的一个是S2记牌的墩数，里面的一个是S3控制机头电动机的转停；若S2坏会导致记数不准多墩或少墩，S3坏会导致推单牌。

五、故障现象：单口麻将机控制盘升降不畅

故障原因：①控制盘升降按键有问题；②S7磁控安装不到位或松动；③升降组件执行部分有问题（如晶闸管等元件）。

故障处理：①更换控制盘升降按键；②重装磁控开关；③更换升降组件执行部分的故障元件。

S7磁控位于机箱里控制盘正下方的弯月形磁控开关，上面有两个感应开关分别控制电动机转动、操作盘升降到顶和底的位置，若损坏会导致操作盘上下升降不停或升一点就停。

六、故障现象：单口麻将机控制盘上理牌指示灯亮，但控制盘不能上升

故障原因：①控制面板上接插件（图6–3）松脱或断线；②控制面板与主控板有问题；③S7磁控有问题；④升降拨杆或导向杆的位置不对；⑤升降电动机及其连接插件有问题。

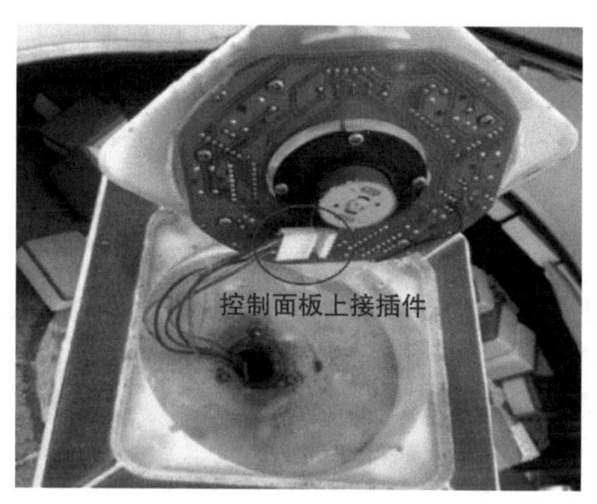

图6–3　控制面板

故障处理：①修复、重插接插件或更换线路；②更换控制面板或主控板；③更换磁控；④调整升降拨杆或导向杆的位置；⑤重插或修复升降电动机，必要时更换升降电动机。

调整电器箱内螺钉，能使操作盘上下移动，如图6–4所示。

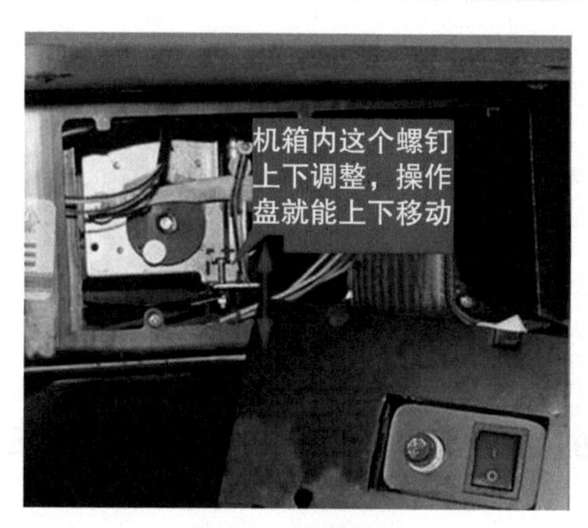

图6–4　调整螺钉

七、故障现象：单口麻将机链条电动机不转

故障原因：①链条杆卡住；②倒转电动机工作失常（如查倒链开关是否接触不良或损坏、控制板或电动机本身有问题）；③链条电动机或电容损坏。

故障处理：①利用倒转按钮使链条倒转排除故障；②更换倒链开关、控制板或电动机；③更换链条电动机或电容。

倒链开关是控制链条倒转的点动开关，一般是按下倒转，放起即停。

八、故障现象：单口麻将机链条电动机转动不停

故障原因：①定位传感器S5位置不当、损坏或被异物挡住；②光电传感器S4不良、损坏或被异物挡住；③链条杆的塑料位置不当或反光片表面脏污。

故障处理：①调整或更换定位传感器及清除异物；②更换光电传感器或清除异物；③调整链条杆的塑料位置或清除脏污。

链条杆安装在链条上，上部推运牌，下部套有白色反光器给S4、S5光控。S4传感器位于第一个弯道下面（一般是长条形，有光控和磁控两种、杆到灯亮、杆走灯灭），控制复位，若损坏还会导致牌洗好后机器不复位；S5传感器位于第二个弯道下面（一般是方形，有磁控和光控两种、杆到灯亮、杆走灯灭），它是通过定位杆控制02电动机的转停，损坏会导致链条转不停或乱停。

九、故障现象：单口麻将机链条走不动

故障原因：①麻将牌太脏；②压牌板压得太紧；③各转弯与运牌轨道间隙未调好；④链条电动机本身力矩不够；⑤胀紧轮（图6-5）胀得太紧；⑥挡牌片歪斜将链条杆卡住；⑦链条大齿盘不灵活；⑧链条轨道中有异物。

故障处理：①用毛巾将牌擦洗干净；②将压牌板重新安装一下；③重新调节间隙至适当位置；④断电将链条电动机拆下，适当地调节它的距离；⑤调节胀紧轮；⑥将挡牌片校正；⑦在大齿盘上加注润滑油；⑧取出链条轨道中异物。

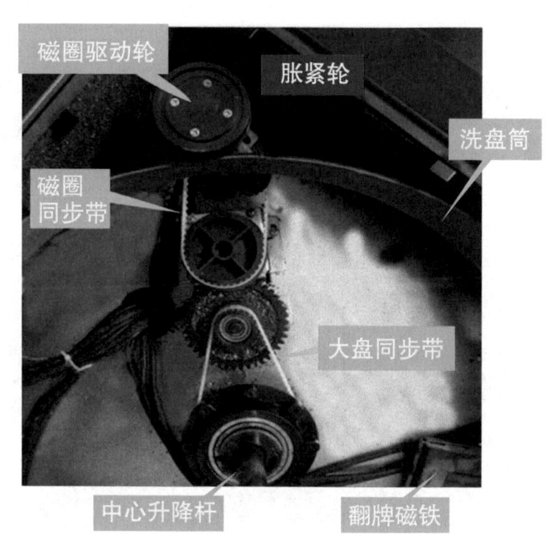

图6-5　胀紧轮

运牌弯道俗称弯角，内称小弯角，外称大弯角，它的作用是将码好的牌由直线运动转为转弯运动。

第二节　四口麻将机检修实例

一、故障现象：四口麻将机按骰子键不能打骰子

故障原因：①线路有问题，如连接至主板的线路、骰子电动机线路；②电动机上面的小托盘位置不当；③骰子电动机本身或主板问题。

用螺钉旋具将大孔托盘上的螺钉和控制盘大碗上的螺钉拧下，将卡销顶进去，即可拆开控制盘，如图6-6所示。

检查六针插座（一头插在操作盘上、另一头插在主板上）是否接触良好、插针是否损坏，如图6-7所示。

检查骰子电动机线是否脱落或断路、连接线路板处是否存在脱焊，电动机上面的小托盘位置是否合适，如图6-8所示。

若以上检查均正常，则可能是骰子电动机或主板问题，更换即可。

故障处理：当机器可以升降，不能打骰子，大部分是骰子电动机坏了，可以重新买一个骰子电动机更换即可。

图6-6　拆下控制盘

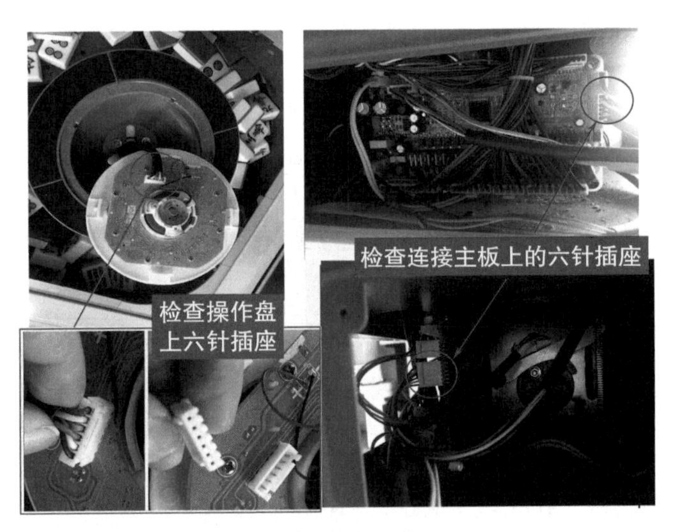

图6-7　六针插座的检查

若不能升降又不能打骰子，有可能是线路问题或其他故障；骰子电动机转不停一般是控制盘上驱动骰子电动机的三极管击穿（图6-9），或骰子盘6针连接线接触不良。

图6-8　检查电动机线路

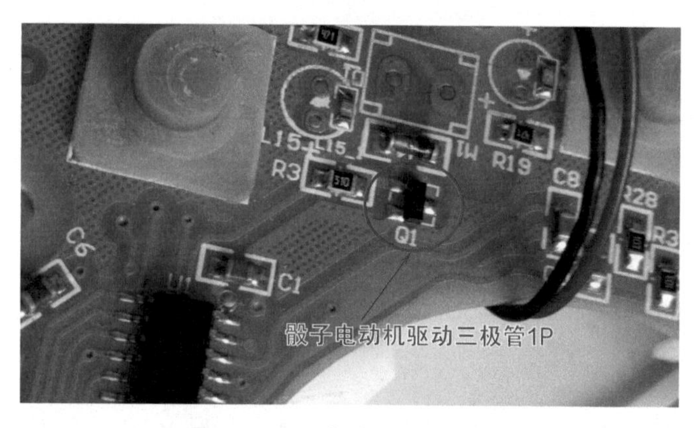

图6-9　骰子电动机驱动三极管

二、故障现象：四口麻将机通电并打开电源开关后，指示灯不亮，机器无任何反应

故障原因：①电源线与插头、插座有问题；②电源开关、保险丝有问题；③变压器有问题；④主板电源部分损坏或光控短路。

首先通电观察麻将机开关的指示灯是否亮，指示灯不亮，则检查电源线是否有问题、插头与插座接触是否良好、电源开关及保险丝是否有问题；若保险丝烧坏，则重点检查环形变压器是否发烫严重、电脑板上的三端稳压块及整流二极管等元件是否有问题；若电源线、开关、保险丝、变压器以及接插件均正常，则检查光控有无短路，如图6-10所示。

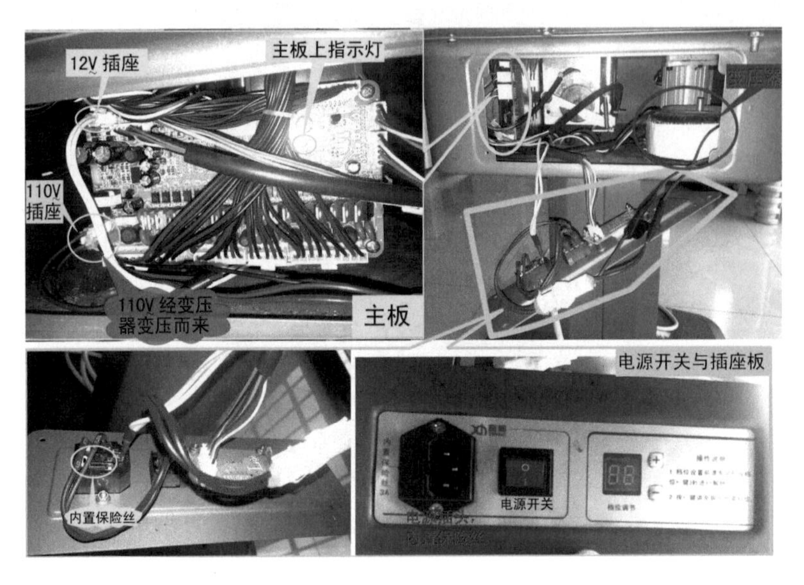

图6-10　主板、电源开关、变压器等相关部件

故障处理：该机是线束的110V的插头接触不良造成此故障，重插插头或修复、更换插头。

出现此故障，应首先检查外部电源线，然后再检查开关（保险）之类的固件，其次是主板。

三、故障现象：四口麻将机开机后，开关板上的电源指示灯亮，但控制盘上指示灯不亮

故障原因：①电源开关后面插接件接触不良或断路；②变压器无输出电压或输出端子未插好；③控制盘及其线路有问题；④主板有问题。

故障处理：①修复或重插接插件；②重插输出端子或更换变压器；③修复线路或控制盘；④修复或更换主板。

若控制盘指示灯不亮，但升降按键正常，则问题出在中心控制线电源上；若控制盘指示灯亮，但所有电动机均不工作，则检查110V电源是否插好、变压器是否损坏。

四、故障现象：四口麻将机最后一张牌吸不上来

故障原因：①麻将牌磁性较弱；②大盘位置高度调节不当、磁铁有问题；③输送槽内有问题。

首先进行重复洗牌操作，若每次都是同一张吸不上来，说明这张牌磁性不足导致；若不是同一张牌，在牌桶内随意转动，每方吸牌轮都洗不上来，则检查大盘的滚轮位置是否较低。

若牌卡在刮牌条的末端不动，则检查翻牌磁铁是否移位或翻牌磁铁消磁了、大盘刮牌是否掉落、刮牌条位置是否正确，如图6-11所示。

图6-11　牌卡在刮牌条末端

若牌卡在大盘与传动盖的下方，则检查大盘滚轮的位置是否过高，如图6-12所示。

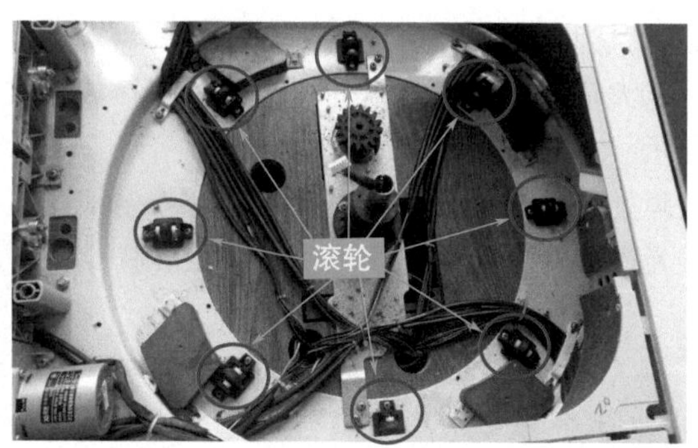

图6-12　牌卡在大盘与传动盖的下方

若牌卡在输送槽内（图6-13），则检查输送槽是否有异物。

故障处理：当麻将机使用时间较长，大盘也因长期被牌压着造成变形下沉，故磁圈和大盘高度就增大，此时可卸下大盘，将大盘底下的滚轮垫高，然后装上大盘即可。

图6-13　牌卡在输送槽内

当输送槽内有异物，在洗牌时输送槽内有几张牌，后面的牌会在传动带的带动下把前面的牌往前推，当剩下最后一张牌时，由于其后面无牌了，而牌与传动带之间因卡住而悬空导致牌卡在输送槽中出不来。

五、故障现象：四口麻将机大盘不转动

故障原因：①大盘电动机损坏；②大盘电动机线的插头接触不良或导线开裂、脱线；③大盘底下被异物卡住；④光控损坏或被脏物挡住；⑤主控板有问题，如图6-14所示。

故障处理：①更换大盘电动机；②修复线路或重插插头；③取出卡住的异物；④更换光控或清除脏物；⑤更换主控板。

当电动机不转时，检查电动机插头与导线良好，进一步判断可外接220V电压单测电动机的运转情况；若电动机运转正常，则问题大多出在主控板上。

六、故障现象：四口麻将机大盘转动无力

故障原因：①电源电压太低；②大盘电动机电容有问题；③传动带太紧；④大

大盘电动机电容

大盘

大盘电机插件（连接至主控板）

大盘电机齿轮

主控板

图6-14　相关部位实物

盘电动机损坏；⑤主控板上晶闸管（大盘电动机相对应的晶闸管，如图6-15所示）有问题。

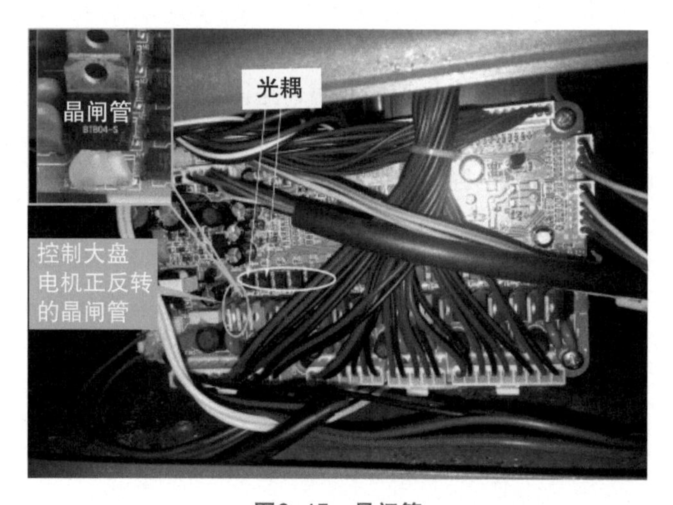

图6-15　晶闸管

故障处理：①等电压稳定后再开或在麻将机前增加220V稳压器；②更换大盘电动机电容；③更换大盘电动机；④更换晶闸管。

大盘电动机的输入电压是由晶闸管控制输出的。工作原理是：经过变压器的降压将220V电源降压为110V作为各种电动机的工作电源，12V经整流滤波降压为芯片组的工作电源，控制电动机通断的则由双向晶闸管执行，双向晶闸管的G极受一个PNP三极管（或光耦）控制，PNP三极管的B极（或光耦）受控于CPU。

七、故障现象：四口麻将机不上牌

维修过程：出现此故障时，应打开桌面看下四边进牌口是不是都不上牌，还是某一方不上牌。

若一方上牌时无反应，其余三边均正常，则检查这一方看牌光控是否脏了；若看牌光控正常，则检查这一方电动机插件是否接触不良或线路问题；若电动机线路与插件正常，则检查这一方上牌的电动机及电容是否损坏。

若四方均不能上牌，则检查麻将牌是否用错了或脏了；若麻将牌正常，则检查看牌光控是否灰尘过多；若光控正常，则检查大盘上的牛筋条是否损坏（牛筋条没了会导致麻将停在拔牌条尾部不靠边导致吸不上吸牌口）；若牛筋条正常，则检查大盘是否有力，手动转动大盘，若大盘能够正常转动，阻力较小，说明大盘是正常的；若大盘阻力较大，无法正常转动，则说明问题出在大盘，此时检查大盘的齿轮部分是否有问题（如看是否有空心齿轮、损坏的齿轮、齿轮与齿轮之间间隙是否过大）；若大盘齿轮部分正常，则检查大盘电动机主动轴是否松动、齿轮是否有问题，大盘如图6-16所示。

故障处理：不上牌是很多麻将机的通病，是因为电动机的电容在使用一段时间以后会出现容量变小或失效（当遇到一点阻力是就会反转，再遇到阻力时又会正转，如此反复），此时更换电容即可。

一般单口机麻将牌和四口机麻将牌的磁性是相反的，四口机麻将牌磁性在正面，而单口机的磁性在反面，两种牌不可通用，故麻将牌用错就会导致不能上牌。

图6-16　大盘相关部位实物

八、故障现象：四口麻将机上牌速度慢

故障原因：①天气潮湿使麻将牌湿度较大；②麻将牌的磁性不足；③输送槽里有异物；④拨牌条变形或折断的情况；⑤吸牌轮上有异物或磁钢磁性减弱；⑥大盘底下的磁铁磁性减弱；⑦大盘上的牛筋块已断；⑧机头的看牌光控调节过弱或有异物在光眼上，如图6-17所示。

故障处理：①将麻将牌用干毛巾擦干，再用吹风机将洗牌大盘也吹干再用；②更换麻将牌；③取出异物；④更换拨牌条；⑤清除异物或更换磁钢；⑥更换磁铁；⑦更换牛筋块；⑧调节看牌光控或清除异物。

在清洁麻将牌时有些人为了图方便，将麻将牌直接放在水里面泡，这样水易把磁铁的磁性消掉，故一定要用专业的清洗剂洗麻将牌。

九、故障现象：四口麻将机升牌板不停升降

故障原因：①升牌磁控板上的霍尔元件损坏；②相关控制线路或接插件（升降光控连接插件、升降光控与主板连接的插件等）接触不良；③上牌系统的限位盘（也有称为限位开关片）上小圆磁铁脱落或磁铁与磁控元件（霍尔元件）之间距

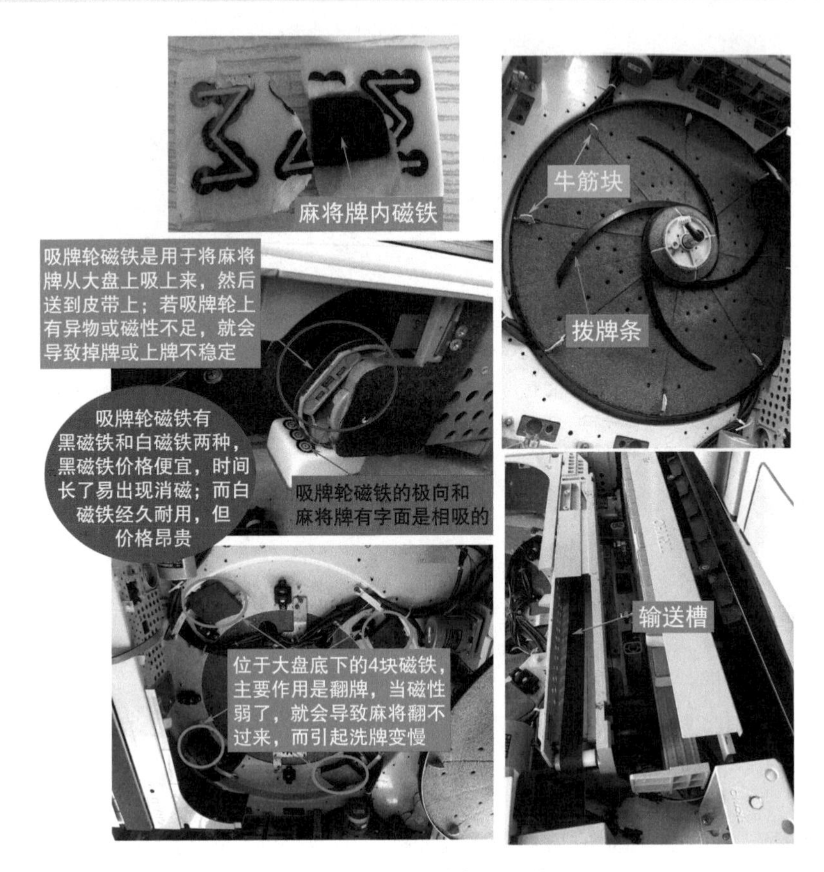

图6-17　相关部位实物

离太远（一般在2mm以内），造成无法控制电动机；④升降光控损坏；⑤主板有问题，如图6-18所示。

故障处理：①更换霍尔元件；②修复或更换接插件；③磁铁脱落就更换限位盘，霍尔元件离磁铁太远就将磁控电源插头拔下，用小刀将霍尔元件挑起使其尽量靠近磁铁或将小电路板整个移动，然后用螺钉固定；④更换升降光控；⑤更换主板。

相关控制线路的检修：在升降过程中观察磁控指示灯有无变化，若指示灯有轻微变化（有灯灭，说明霍尔元件已感应到磁信号，灯亮说明电源线与地线没有问题），则问题可能出在信号线上，此时可将万用表红表笔接信号线、黑表笔接地线，检测是否有信号输出，若电压从高电平瞬间变为低电平，说明有信号输出，故排除霍尔元件有问题的可能，重点检查信号传输方面。

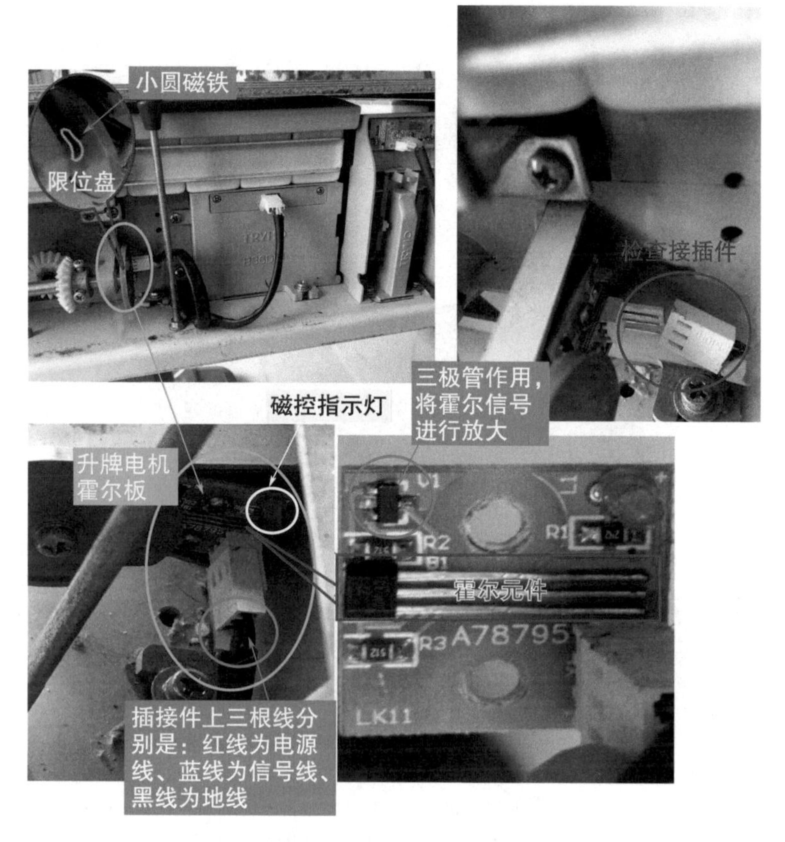

图6-18　相关部位实物

十、故障现象：四口麻将机升牌时有一方升不起来

故障原因：①升牌电动机接插件松动或线路有问题；②升牌磁控感应器及插线头接触不良；③升牌电动机或电容有问题；④限位开关片有问题；⑤主板芯片程序有问题；⑥挡位开关与主板连接的插线松动。相关部位实物如图6-19所示。

故障处理：①重插或修复电动机接插件及线路；②重插升牌磁控感应接插件或更换磁控元件；③更换电动机或电容；④更换限位开关片；⑤更换主板；⑥重插接插件。

若有一方升不起来，这一方升降磁控没有到位，该方磁控指示灯也亮，说明霍尔元件已导通（电路上霍尔元件在前，发光管在后；而发光管亮了，霍尔元件肯定导通了），更换霍尔元件。麻将机霍尔元件在感应到磁铁的磁性后应该导通，使电路形成一个完整的回路，此时传递给主板一个信号，主板收到反馈信号后再进行下一个动作的处理；若某个元件出现故

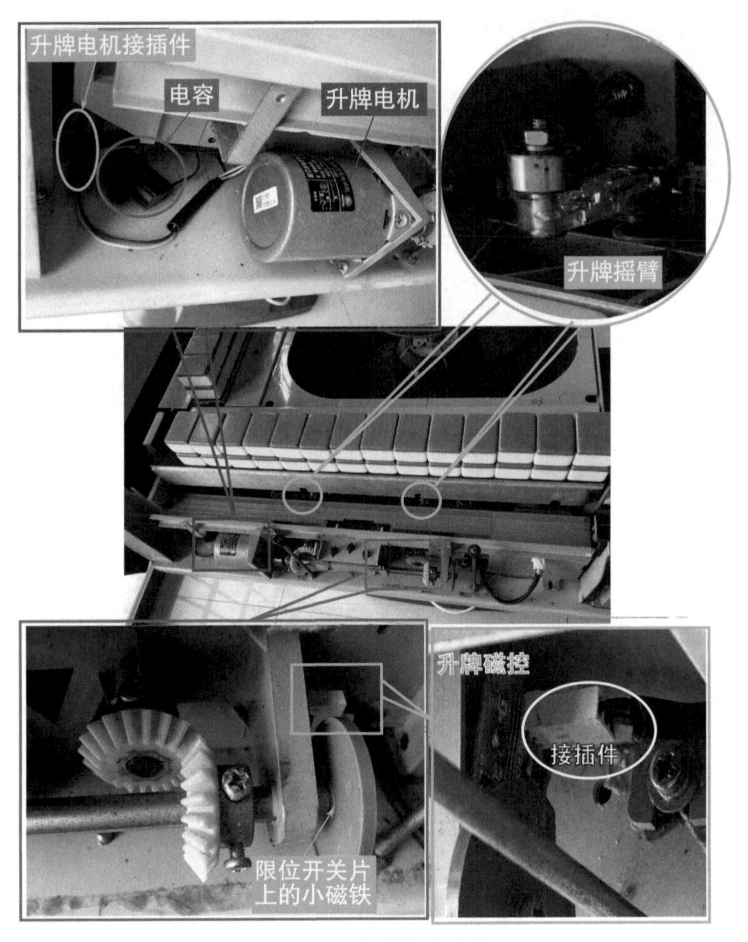

图6-19　相关部位实物

障直接导通，霍尔元件就不需要感应磁性，此时电动机转与不转都不影响主板接收信号。

十一、故障现象：四口麻将机升降承牌板不能正常升降

故障原因：①升牌磁控损坏；②限位开关片上小磁铁脱落或退磁；③升降磁控与主板连接插件接触不良；④主板损坏。

故障处理：①更换升牌磁控；②更换限位开关片；③重插接插件；④更换主板。

麻将机正常时上牌组件的四个升降承牌板是同步工作的，而升降承牌板是由限位开关片（也有称为限位盘）控制，开关压下承牌板动作，开关释放

承牌板停止，其具体工作过程是：当升牌系统处于复位，限位开关片上小磁铁对应着升牌磁控上的霍尔元件；当限位开关片旋转，小磁铁离开霍尔元件时，升牌过程开始；当小磁铁旋转一周又与霍尔元件对应时，升牌磁控向电路系统发出信号，升牌过程结束，升牌电动机停止转动。

十二、故障现象：四口麻将机推牌板不能后退到位

故障原因：①推牌板滑杆缺油；②卡簧脱落；③弹簧弹性变差，如图6-20所示。

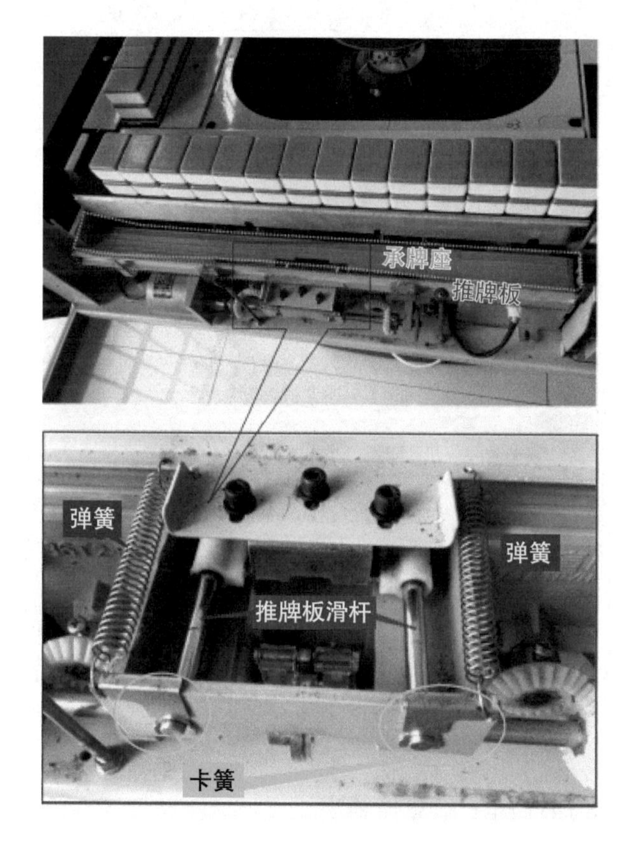

图6-20　相关部位实物

故障处理：①给滑杆加注润滑油；②重装卡簧；③更换弹簧。

推牌板不及时回位一般是推牌板弹簧松动所致，更换弹簧即可。

十三、故障现象：四口麻将机托牌板下降不到位

故障原因：①升牌轴座过脏；②升牌轴座变形，如图6-21所示。

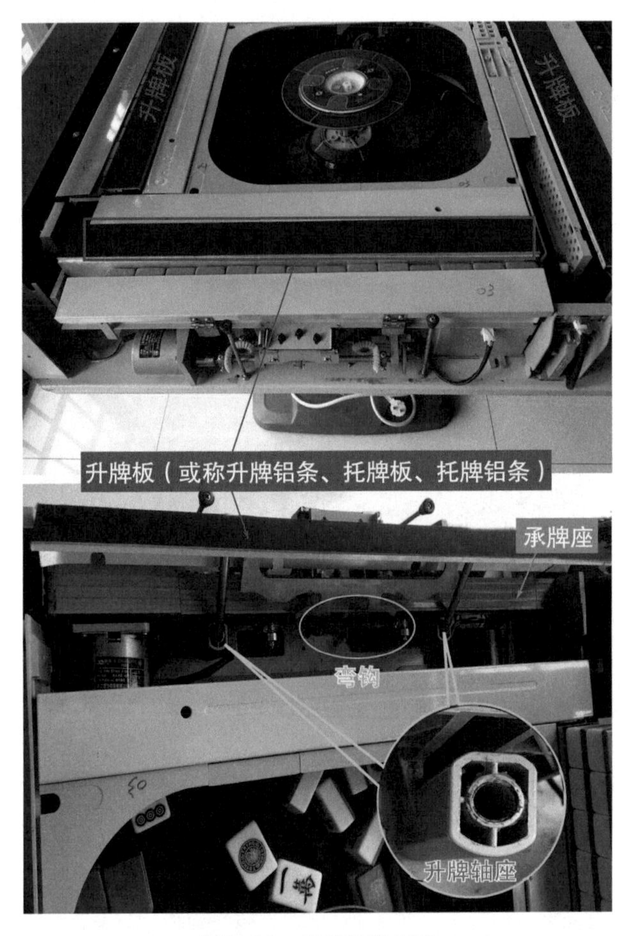

图6-21　相关部位实物

故障处理：①清洁轴座；②更换轴座。

托牌铝条在下降到最低时其高度要保持在与承牌座水平或微低一些，也不可太过靠下；托牌铝条下降不到位时，检查它下降是否顺畅，同时还是要调节左右弯钩。

十四、故障现象：四口麻将机进牌口输送电动机正反转失控

故障原因：①输送电动机线接反或接插件中三根线中有一根线插针损坏了；②启动电容有问题；③电动机有问题；④主板损坏，如图6-22所示。

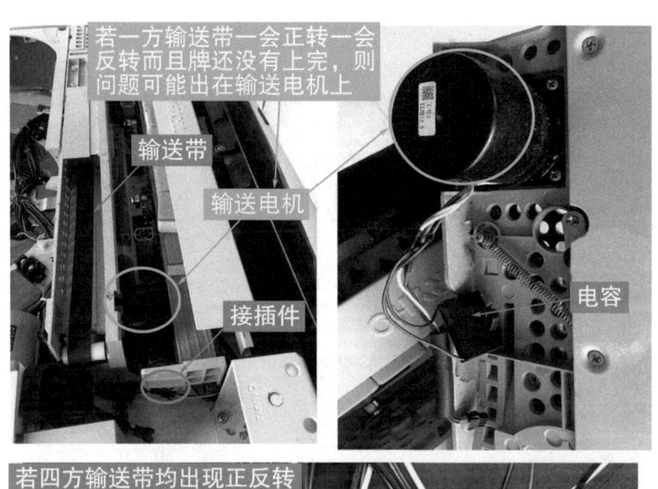

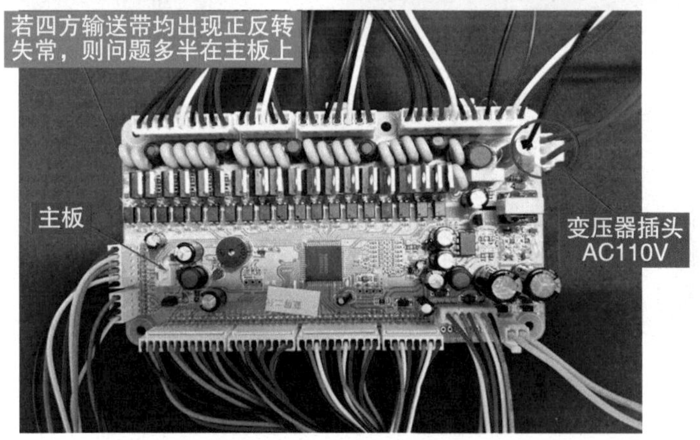

图6-22　相关部位实物

故障处理：①将电动机线重新互换接下或重插插件；②更换电容；③更换电动机；④更换主板。

此故障多数出在电动机的启动电容上，更换同一参数的电容，照原来的接线方式换上，用绝缘胶带包好就可以了。

十五、故障现象：四口麻将机输送带不能运转

故障原因：①输送电动机及电容有问题；②接插件脱落或接触不良；③输送带断裂或输送传动轮的螺钉松了；④主吸牌轮上被异物卡死；⑤主吸牌轮轴承损坏；⑥主板有问题，如图6–23所示。

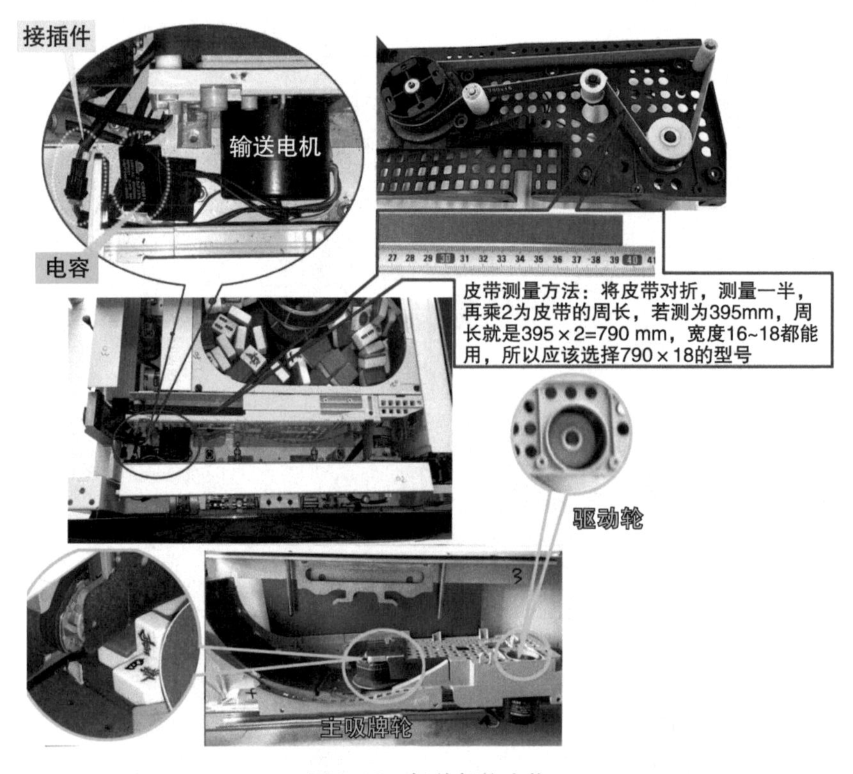

图6–23　相关部位实物

故障处理：①更换输送电动机或电容；②重插或修复接插件；③更换输送带或拧紧螺丝；④清除异物；⑤更换吸牌轮轴承；⑥更换主板。

一般输送带上标有型号（市面上输送带的型号有：715、735、765、770、780、785、790等），若传动带上标注的型号模糊了，则可用尺测量一下传动带的周长，确定型号后再进行购买，否则更换的传动带张力太紧，会造成电动机损害、输送带易变形等危害。

十六、故障现象：四口麻将机牌还没有洗完，输送电动机就反转

故障原因：①输送电动机接插件和与主板连接的接插、连接线接触不良或损坏；②计数光控损坏；③输送电动机或电容有问题。

故障处理：①重插或修复接插件及更换线路；②更换计数光控；③更换电动机或电容。

若仅一方牌没洗完输送传动带就反转，也有可能是程序调的是三方洗牌一方不洗牌的。

十七、故障现象：四口麻将机推牌口卡牌

故障原因：①看牌光控太强导致牌没有落到接牌座上推牌电动机就推牌，从而导致卡牌；②看牌光控与出牌口的位置不对；③输送口与挡板座间距离太小；④承牌座位置太低。

故障处理：①看牌光控太强时，逆时针转动螺钉使光控变弱，调节到看牌时感应为准；②调节光控支架的位置；③调节机头推牌挡板的位置；④在承牌座上粘一块1~2mm塑料板（或放一元硬币作为临时处理），如图6-24所示。

麻将机洗牌卡牌一般发生在机头处，很多都是光控（感应器）过远或是光控探头处有灰尘所致。

十八、故障现象：四口麻将机推牌头不推牌

故障原因：①麻将牌太脏；②看牌光控太弱、太脏或损坏；③轨道与推牌器的位置不对；④推牌电动机接插件接触不良；⑤推牌电动机磁控、电动机、电容损坏。

故障处理：①清洗麻将牌；②清洁看牌光控或调节光控；③调节推牌器的位置；④重插或修复推牌电动机插件；⑤更换磁控、电动机或电容，如图6-25所示。

看牌光控相当于麻将机的眼睛，牌通过输送带运送到接牌座，看牌光控感应到了，会把信息传输给主板，通过电动机和推牌磁控控制牌的推动。

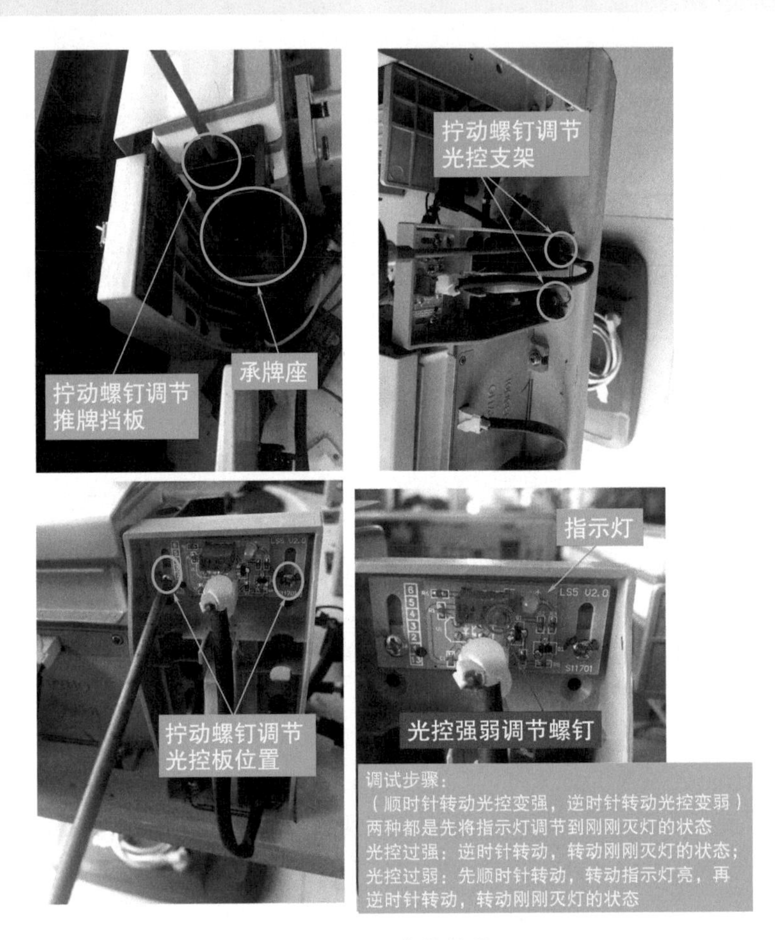

图6-24　卡牌处理

十九、故障现象：四口麻将机推牌头不停推牌

故障原因：①光控太强；②推牌电动机计数磁控损坏；③推牌头滑块水平导柱（滑杆）缺油；④主板损坏，如图6-26所示。

故障处理：①光控太强，调整看牌光控微调开关；②更换磁控；③加润滑；④修理或更换主板。

推牌头不停推牌多数是磁控有问题。麻将机推牌头不停推牌、推几张就不推或推几张短路，则多数是机头内磁控有问题。

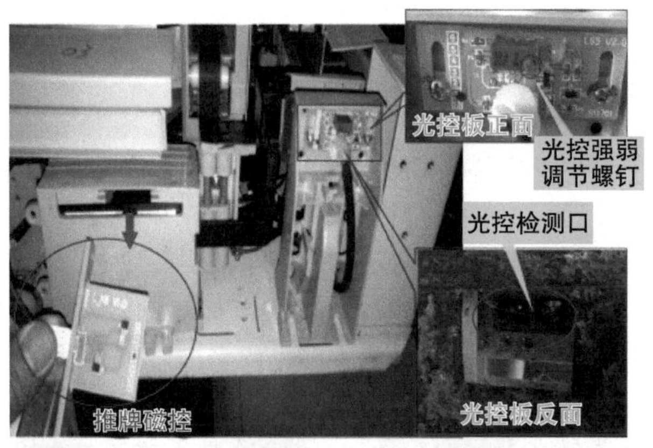

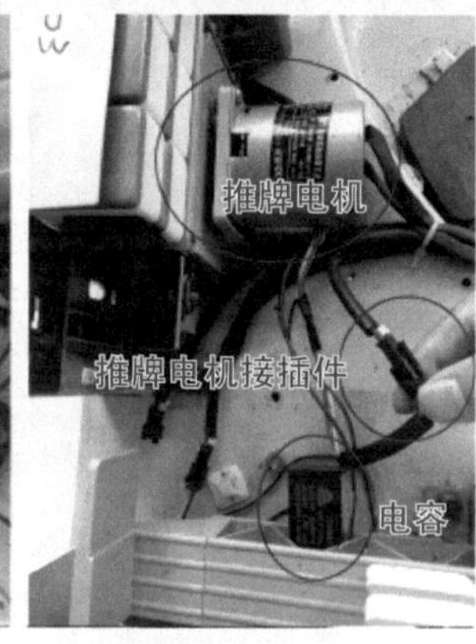

图6-25　不推牌处理

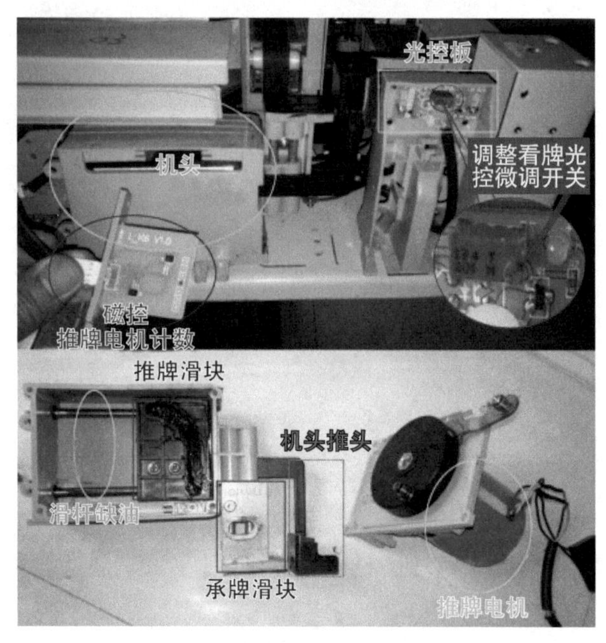

图6-26　推牌头不停推牌故障部位

二十、故障现象：四口麻将机某一方推单张牌

故障原因：①机头看牌光控灵敏度太强；②机头定位磁控元件（霍尔元件）失灵或磁铁感应距离过远；③磁控元件板接插件及与主板连接端接插件不良、簧片接触不良；④主板有问题（如负责叠推电动机的晶闸管击穿）。

故障处理：①调整机头看牌光控灵敏度；②更换定位磁控元件或调节磁铁感应距离；③重插或修复接插件；④更换主板或更换主板上损坏的元件。

光控灵敏度太强或新换的光控都需调节看牌光控强度（图6-27），具体调节方法是：在洗牌过程中将麻将牌平放在承牌座上，牌一端顶住输送带出口，然后再调节看牌光控上的螺钉，调至光控指示灯最亮然后再回调一点点为最佳状态。

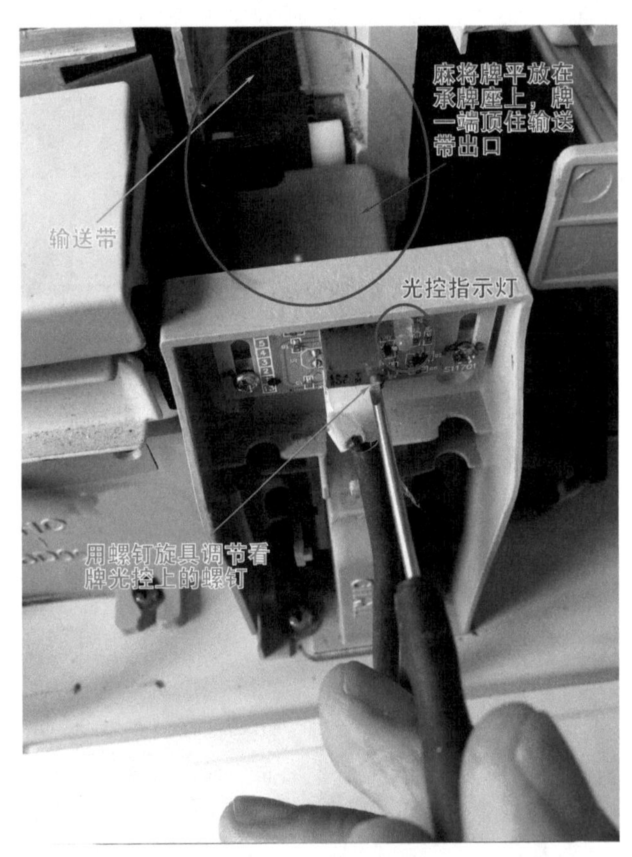

图6-27　调节看牌光控强度

二十一、故障现象：四口麻将机中心升降控制盘不停升降

故障原因：①升降磁控损坏；②升降磁控的霍尔与升降摇臂（或称升降杠杆）的小磁铁间距离太大；③小磁铁已脱落；④中心控制盘控制线接插件接触不良或断开；⑤升降按键开关短路；⑥主板有问题。相关部位实物如图6-28所示。

图6-28　相关部位实物

故障处理：①更换升降磁控；②取下磁控，用小刀将霍尔元件挑起使其间距与小磁铁在适合位置，然后重新装上；③重新装上小磁铁；④重插或修复接插件；⑤更换升降按键开关；⑥更换主板。

中心升降系统是通过骰子盘上的按键，控制操作盘的升降，其工作过程是：按动按键，升降电动机旋转，电动机的驱动轮（又称偏心轮）带动升降杠杆作上下运动，升降杠杆又带动中心升降圆管作上下运动，从而达到操作控制盘的升与降。

二十二、故障现象：四口麻将机操作盘理牌指示灯亮，但按升降键操作盘无反应

故障原因：①操作盘面板下面接插件松脱或接触不良；②操作盘与主板插头松动；③升降电动机接插件接触不良或升降电动机损坏（若拔掉控制线插头，电动机会自动升降，说明问题不在电动机）；④升降磁控上霍尔元件短路；⑤升降按键开关损坏。

故障处理：①重插或修复接插件及线路；②重插或修复升降电动机接插件；③重插或修复接插件、更换升降电动机；④更换霍尔元件；⑤更换按键开关。

当出现操作盘上按键灵敏度不灵活时，一般是按键进灰或按键老化（若是硅胶按键可能是线路板与按键接触处的敷铜皮或导电橡胶已被腐蚀；若是金属片式按键则可能是双金属片内部被腐蚀或失去弹跳性；若是微动开关式按钮，则可能是微动开关内部触点被腐蚀或变形）所致，清洁或更换按键即可。

二十三、故障现象：四口麻将机各方上牌数与设定的挡位牌数不符

故障原因：①拨码开关的接插件与主板接触不良；②拨码开关内部触点已氧化。

故障处理：①重新插拔拨码开关的接插件；②更换拨码开关。

挡位开关亦称拨码开关（安装在立柱内机侧或在电源开关旁边，如图6-29所示），它是游戏规则的设定开关。一般情况下游戏方案挡位表在麻将机外罩上贴着，直接对照程序使用规则表，将挡位开关调至相应玩法种类的挡位。

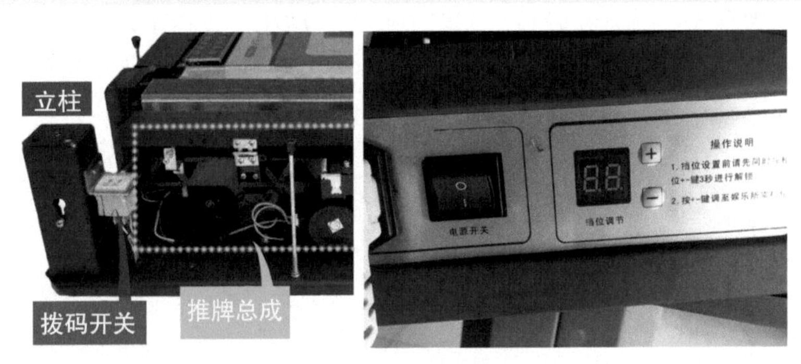

图6-29　拨码开关

第三节　过山车麻将机检修实例

一、故障现象：过山车麻将机机头不停地推

故障原因：①推牌电动机磁控有问题；②计数光控有问题；③接线板上磁控主线接插件松脱或接触不良；④机头滑块和信号轮的磁铁消磁了或者脱落；⑤主板上插座接触不良或插针损坏，主板上有损坏件。相关部位实物如图6-30所示。

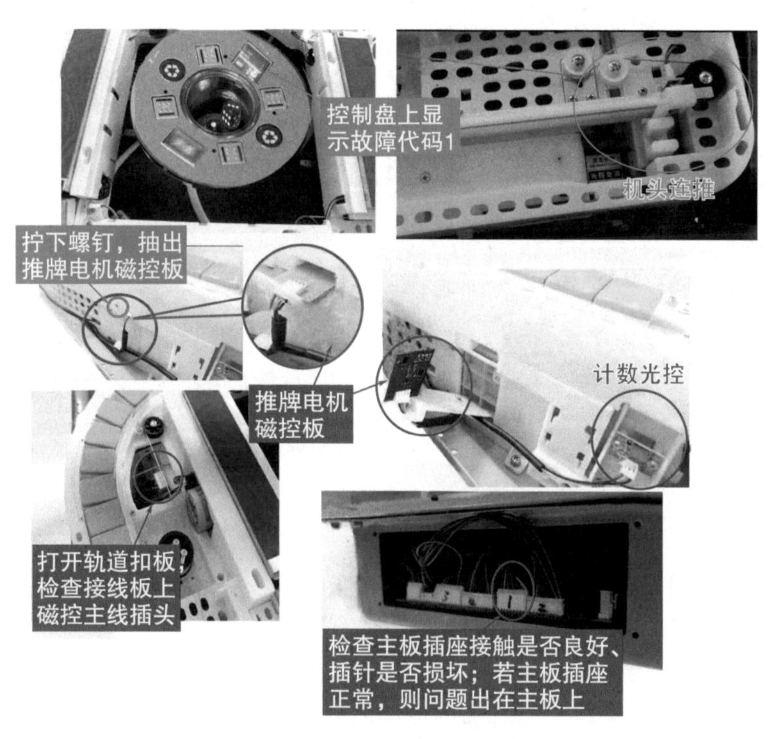

图6-30　相关部位实物

故障处理：①更换磁控；②更换光控；③更换信号线或修复及重插接插件；④更换磁钢；⑤重插或修复接插件，更换主板。

出现此故障时，首先观察骰子灯，哪一方骰子灯亮起，说明问题是在哪一方对应的右侧。

二、故障现象：过山车麻将机机头不动

故障原因：①主板上110V电源接插件接触不良或变压器有问题等造成主板上无110V电压；②机头电动机（推牌电动机）有问题；③机头线路损坏或接插件有问题，如图6-31所示。

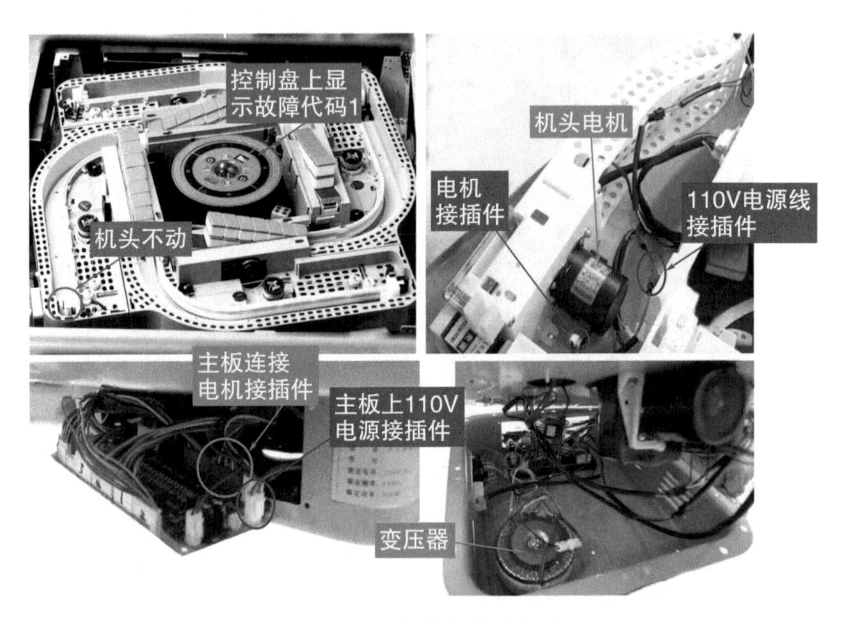

图6-31　相关部位实物

故障处理：①重插接插件、更换主板或变压器；②更换机头电动机；③修复或更换线路及接插件。

经过变压器的降压将220V电源降压为110V作为各种电动机的工作电源。

三、故障现象：过山车麻将机机头不推牌

故障原因：①看牌光控太脏或损坏；②看牌光控接插件接触不良或插针损坏；③接线板（集线器）上接插件有问题；④推牌电动机接插件接触不良；⑤机头推牌电动机（机头电动机）及电容损坏；⑥主板上磁控主线接插件脱落或损坏；⑦主板有问题，相关部位如图6-32所示。

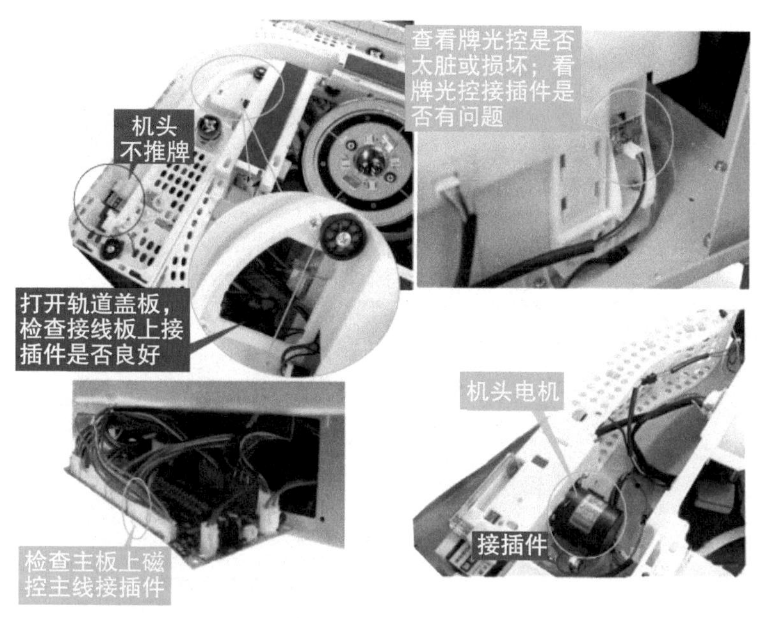

图6-32　相关部位实物图

故障处理：①清洁或更换看牌光控；②重插或修复看牌光控接插件；③重插或修复集线器（接线板）上接插件；④重插或修复推牌电动机接插件；⑤更换电动机或电容；⑥重插或修复磁控主线接插件；⑦更换主板。

机头盒的拆卸：拧下所有螺钉，然后轻轻往上提，再往后拉一下；然后翻过来，拧下固定机头组件的四颗螺钉，拔下所有的接插件，即可拆下机头组件，如图6-33所示。

四、故障现象：过山车麻将机有一方上单张牌

故障原因：①机头看牌光控灵敏度太强或光眼处有杂物；②机头磁控元件失灵或损坏；③磁控元件板接插件及与主板连接插件有问题；④电动机无力；⑤主板有问题。

故障处理：①调节看牌光控强度或清除杂物；②更换机头磁控元件；③重插或修复接插件；④更换电动机或电容；⑤更换主板。

此故障一般是看牌光控（如图6-34所示）问题比较多，检修时，首先看光控是否常亮；若常亮，则观察光控上是否有异物；若有异物，将异物清除干净；若清除异物或调整后还是不行，则更换光控。

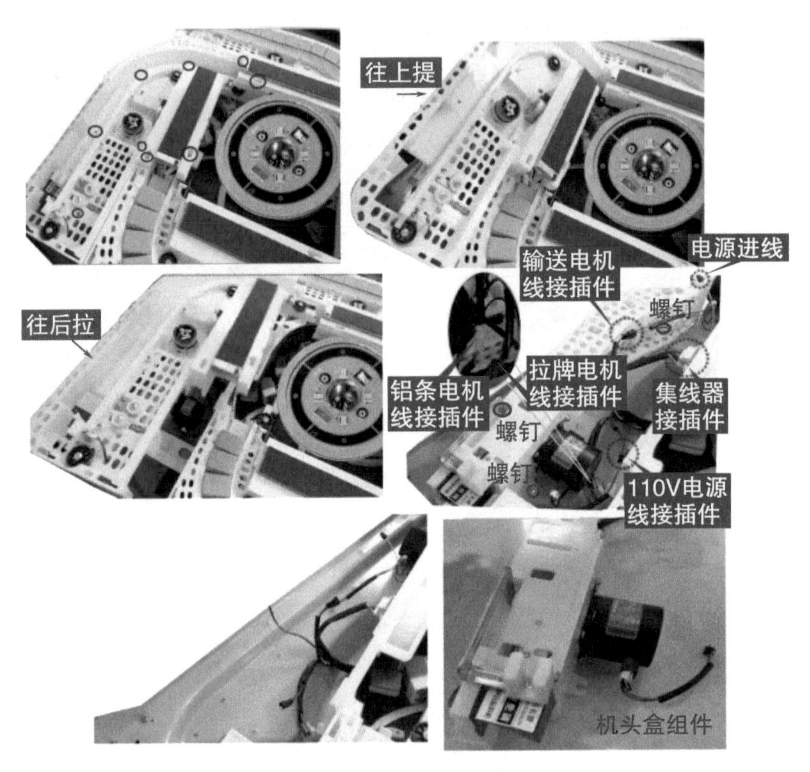

图6-33　拆机头组件

图6-34　看牌光控

五、故障现象：过山车麻将机中心升降控制盘升降不停，控制盘上显示代码7

故障原因：①升降摇臂的磁铁掉了或者与升降磁控距离太远；②升降磁控损坏或接插件没插好；③升降按键开关短路；④主板损坏，如图6-35所示。

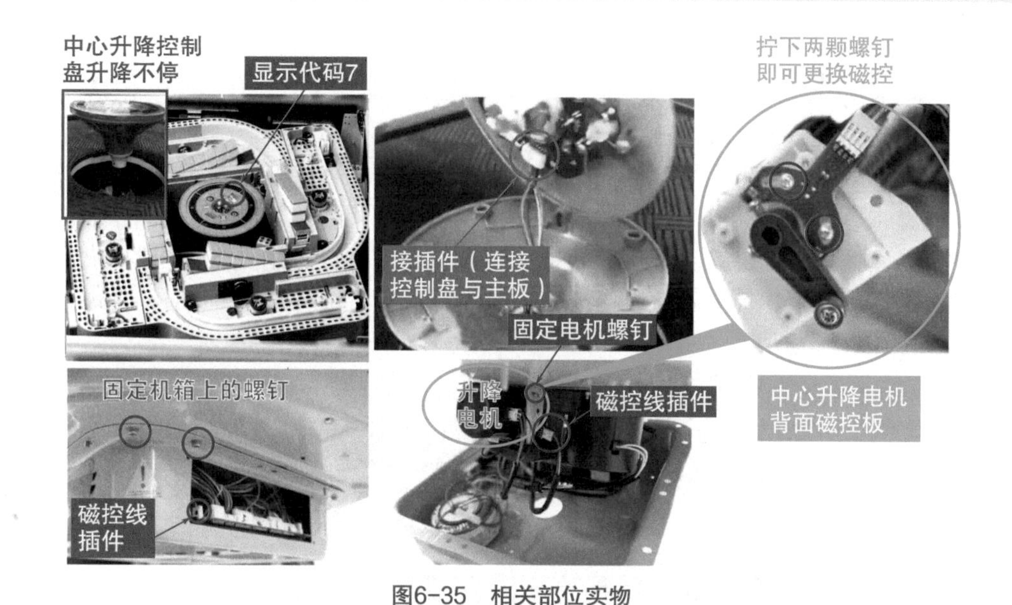

图6-35 相关部位实物

故障处理：①取下磁控，用小刀将霍尔元件挑起使其间距与小磁铁在适合位置，然后重新装上；②更换升降磁控、重插或修复接插件；③更换升降按键开关；④更换主板。

当检查主板上磁控线插件正常，则拆下固定机箱上的螺钉，打开底箱，观察磁控线另一端的插件是否接触良好；若完好，则拧下固定升降电动机的螺钉，即可取下升降电动机；拧下两颗螺钉，即可更换电动机背面上的磁控。

六、故障现象：过山车麻将机按键后中心控制盘不升降，四方骰子灯同时亮起，控制盘上显示代码7

故障原因：①控制盘上升降按钮及控制盘损坏；②110V电动机线接插件、升降电动机插头（绿色）损坏或脱落；③主板上白色插头接触不良或插针掉落；④升降电动机损坏；⑤主板有问题。

故障处理：①更换按钮或控制盘；②重插或修复接插件；③重插或修复接插件；④更换升降电动机；⑤更换主板。

机器能正常洗牌，但洗完牌后，按升降不升，同时报警，但有时升降又变正常，主要原因是升降电动机损坏及升降电容损坏。

七、故障现象：过山车麻将机拉牌头推不停，控制盘显示代码2

故障原因：①轨道上下两端的磁铁（拉牌磁控）损坏；②拉牌磁控上接插件松动或插针损坏；③集线器有问题（打开轨道扣板，把集线器拉出，观察集线器上接插件头是否插好、插针是否掉落；若插头与插针正常，可采用更换集线器检查集线器是否损坏）；④主板上磁控线接插件接触不良；⑤主板有问题，如图6-36所示。

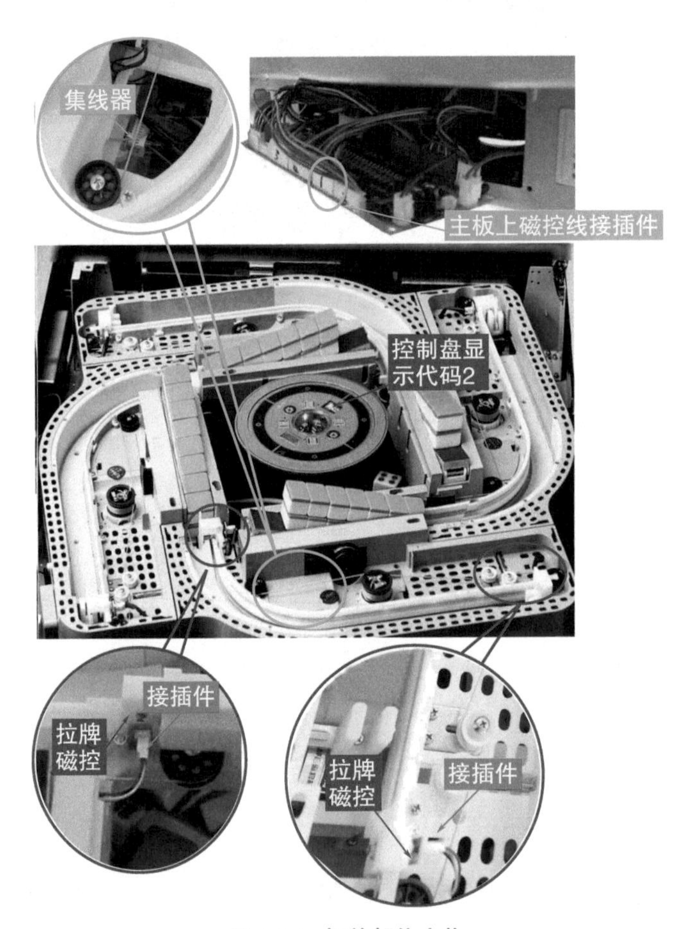

图6-36 相关部位实物

故障处理：①更换拉牌磁控；②重插或修复接插件；③重插或修复接插件及更换集线器；④重插或修复接插件；⑤更换主板。

当出现此故障时，应首先观察四方骰子键，哪方亮灯，说明故障是在骰子键亮的右方。

八、故障现象：过山车麻将机牌洗好后，麻将牌从铝条上拉不上来，控制盘显示代码2

故障原因：①拉牌轨道固定螺钉未拧紧（高出轨道平面）；②钢丝绳松了；③轨道贴片未装好；④拉牌电动机接插件接触不良或损坏；⑤110V电动机线接插件接触不良或损坏；⑥拉牌电动机的力矩不够；⑦主板上连接电动机的接插件接触不良或损坏；⑧主板有问题，如图6-37所示。

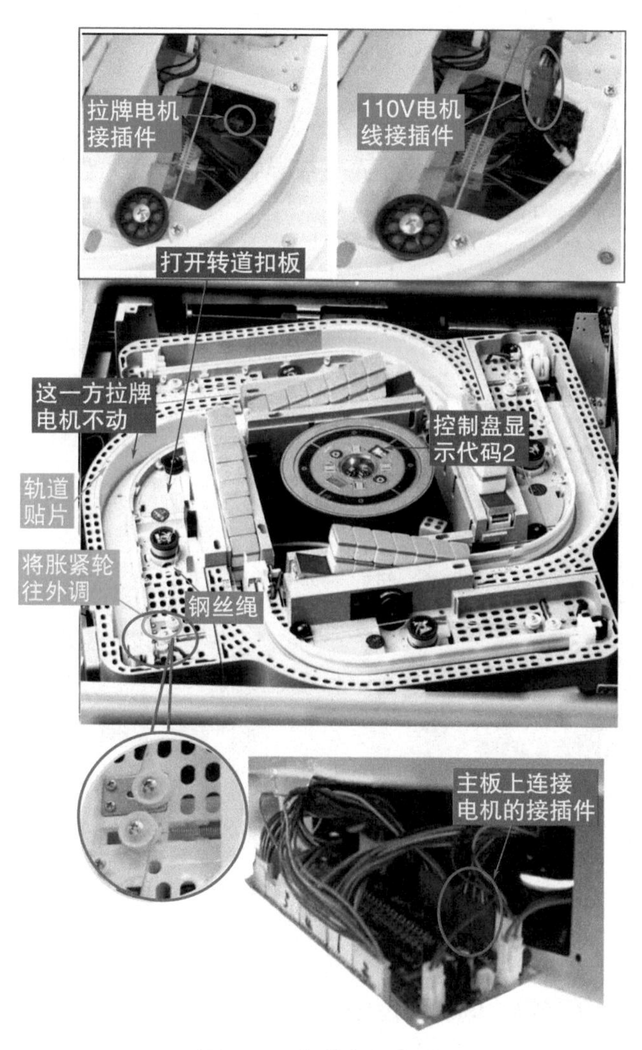

图6-37 相关部位实物

故障处理：①拧紧螺钉；②调节胀紧轮螺钉和胀紧轮弹簧，若钢丝绳仍然过松则更换胀紧轮弹簧；③重装轨道贴片；④重插或修复接插件；⑤重插或修复接插件；⑥先更换电动机电容，若力矩仍然不够则更换拉牌电动机；⑦重插或修复接插件；⑧更换主板。

拉牌电动机有一方不动，控制盘上显示代码2，四方骰子键有一方亮灯，问题就出在骰子灯亮那方的右侧。

九、故障现象：过山车麻将机洗牌时，大盘不转动，操作盘显示代码6

故障原因：①变压器的功率不够；②大盘电动机的接插件接触不良或损坏；③大盘电动机或电容有问题；④大盘底下被异物卡住；⑤大盘齿轮位置太高，顶住大盘；⑥主板有问题，如图6-38所示。

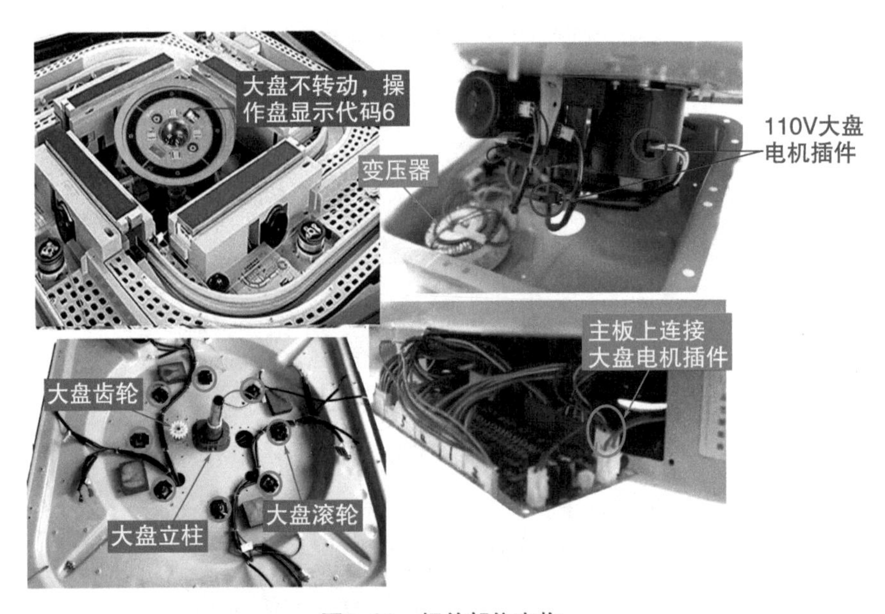

图6-38　相关部位实物

故障处理：①修复或更换变压器；②重插或修复接插件；③更换电动机或电容；④取出大盘底下异物；⑤调节齿轮位置；⑥更换主板。

大盘一会正转，一会反转，一般是大盘电动机无力或电容损坏；大盘一直反转，则问题出在主板。

十、故障现象：过山车麻将机吸牌轮不转

故障原因：①110V电动机的输送线插件接触不良或损坏；②输送电动机损坏；③吸牌轮上被异物卡死；④主吸牌轮的轴承损坏；⑤主板上电动机线接插件接触不良；⑥主板有问题。相关部位实物如图6-39所示。

图6-39　相关部位实物

故障处理：①重插或修复接插件；②更换输送电动机；③取出异物；④更换吸牌轮轴承；⑤重插或修复接插件；⑥更换主板。

吸牌轮（又称洗牌轮、传送轮、磁铁轮等）的磁铁有的是黑磁也有的是强磁；一般小牌用黑磁已经足够了，大牌的话要用强磁。吸牌轮磁铁的极向和麻将牌有字面是相吸的，从而起到把麻将牌从大盘上吸上来然后通过传送带将麻将牌送走。

十一、故障现象：过山车麻将机输送电动机时而反转，时而正转

故障原因：①输送电动机、电容有问题；②主板损坏；③插口的端子接触

不良。

故障处理：①更换输送电动机、电容；②更换主板；③重插或修复接插件。

输送反转问题一般出在主板和电动机上。

十二、故障现象：过山车麻将机有一方升牌板卡住，控制盘显示代码3

故障原因：①升牌铝条（升牌板）下面有异物；②固定铝条电机的螺钉松脱；③小摇臂铁圈脱落；④铝条上方小磁铁掉了，如图6–40所示。

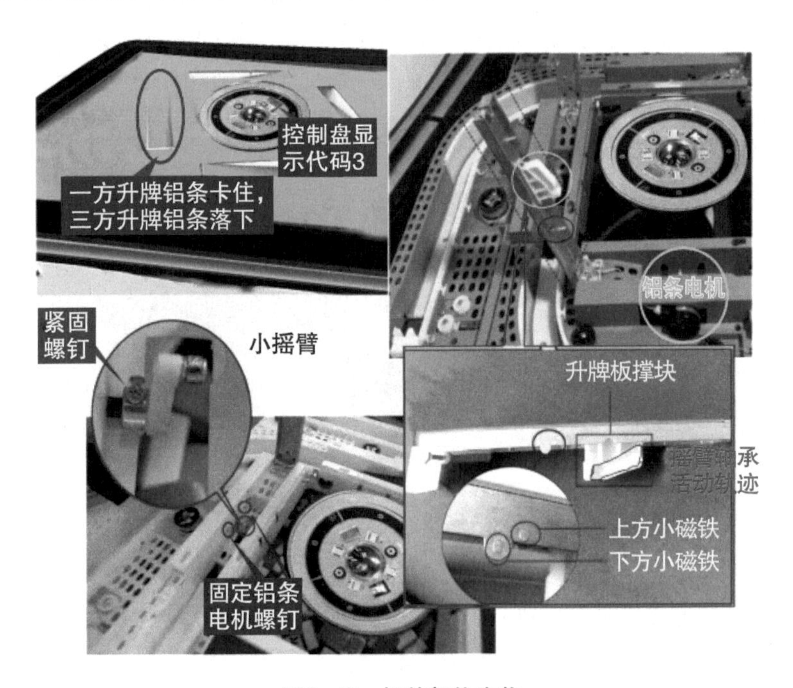

图6–40　相关部位实物

故障处理：①清除异物；②拧紧固定铝条电机的螺钉；③往里按紧小摇臂铁圈，并紧固螺钉；④重新安装磁铁。

若是铝条下方的磁铁掉了，铝条下降正常，上升后会卡死；若是铝条上方磁铁掉了，铝条直接卡死。

十三、故障现象：过山车麻将机开机后四方都不能上牌，升牌板抖动，控制盘上显示代码3

故障原因：①升牌板（升牌铝条）上方磁铁脱落；②磁控接插件接触不良或插针损坏；③磁控损坏；④轨道扣板底下集线器接插件不良或损坏；⑤主板上磁控主线接插件接触不良或损坏；⑥主板有问题。相关部位如图6-41所示。

图6-41 相关部位实物

故障处理：①重装升牌铝条上方磁铁；②重插或修复磁控接插件；③更换磁控；④打开轨道扣板，若重插或更换集线器上第一排接插件后故障依旧，则更换分线器；⑤重插或修复主板上磁控主线接插件；⑥更换主板。

过山车麻将机上牌时，升牌板自由端下降并与轨道底面相接，麻将牌在升牌滑块推动下顺着轨道和升牌板升到桌面上。

第四节　八口麻将机检修实例

一、故障现象：八口麻将机推牌头不停推牌

故障原因：①看牌光控太强；②计数磁控损坏；③叠牌驱动轮磁铁脱落或距离太远；④信号线断或接插件有问题；⑤主板损坏。

故障处理：①调整看牌光控微调开关；②更换计数磁控；③重装或调整磁铁；④修复或更换线路及接插件；⑤更换主板。

安装叠牌驱动轮磁铁时，要注意它的极性（吸牌的背面）与位置是否正确。

二、故障现象：八口麻将机推牌头无推牌动作

故障原因：①看牌光控太弱、太脏或损坏；②推牌电动机接插件松动或断线；③推牌电动机或电容损坏。

故障处理：①调节或清洁看牌光控及更换光控；②重插或修复推牌电动机接插件及更换线路；③更换推牌电动机或电容。

当推牌头长轴与机头滑块长轴缺油会造成推牌不畅。

三、故障现象：八口麻将机推三张牌时却只推一张或两张牌

故障原因：①看牌光控灵敏度过高；②室外光线和室内灯光太强引起看牌光控信号过强；③定位磁控元件（限位开关片）失灵或者磁铁感应距离过远；④磁控元件板接插件及连接电脑板的接插件不良；⑤磁控元件损坏；⑥主板损坏。

故障处理：①调整光控灵敏度；②安置窗帘遮挡室外光线或将室内灯光调暗；③更换定位磁控元件或调节磁铁感应距离；④修复或更换接插件；⑤更换磁控元件；⑥更换主板。

麻将机看牌光控的灵敏度也可以调整，调整的器件是一只半可调电位器（顺时针转动光控变强，逆时针转动光控变弱，如图6-42所示）。由于该电

位器结构精密，用螺钉旋具调整时要轻轻用力，一次旋转角度不要太大，到两端限位处要停止，不能越位，否则元件极易损坏。

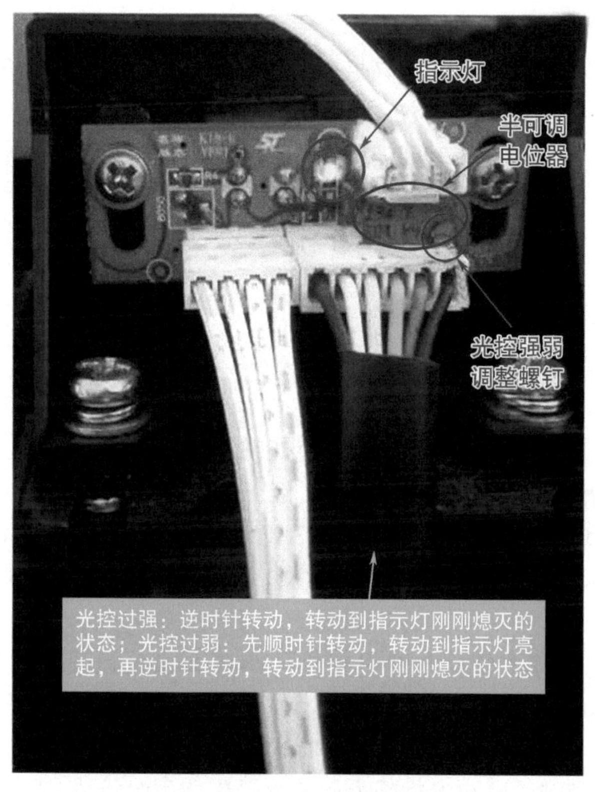

图6-42　看牌光控的调整

四、故障现象：八口麻将机升牌时有一方无反应

故障原因：①升牌磁控感应器接插件接触不良；②推升牌电动机接插件松动或电动机损坏；③挡位开关与主板连接的接插件松动；④主板有问题。

故障处理：①修复或更换接插件；②修复或更换接插件、电动机；③修复或更换接插件；④更换主板。

八口机的洗牌口其实跟四口机的一样，同时是四个口进牌，只是在升牌的时候分开了，变成了八个口上牌。

五、故障现象：八口麻将机承牌板下降不到位

故障原因：①升牌轴座异位、变形或脏污；②承牌小挡板与下方储牌槽挡板互相顶撞或与内置电动机支架互相顶撞。

故障处理：①清洁或更换升牌轴座；②调整挡板及内置电动机支架。

承牌板在下降到最低时其高度要保持在与储牌槽挡板水平或微高一些，不可太过靠下；承牌板支架必须架在小摇臂的轴承上；更换升牌轴座时，需要保持升牌轴座与主力板垂直，两个升降轴座上下高度一致。

六、故障现象：八口麻将机承牌板上升时顶面板

故障原因：①定位盘固定螺钉松动使推牌板无法将牌推到位；②磁控不正常使01推牌头未将牌推到位；③承牌板不在面板窗口中间。

故障处理：①调整升牌磁控的定位盘；②调整推头磁控螺钉；③拧松主立板上所有螺钉，用螺钉旋具顶住主立板，使承牌板在窗口中间，然后紧固螺钉进行调整。

承牌板分为内承牌板和外承牌板，推牌头分为内推牌头和外推牌头，内、外承牌板及内、外推牌头分立在储牌槽的两侧，内承牌板和外承牌板分别与升牌机构连接，内推牌头和外推牌头分别与往复旋转机构连接，在该往复旋转机构转动时，带动内推牌头和外推牌头作反向移动。

七、故障现象：八口麻将机承牌板上下运动不停

故障原因：①环境光线太强使光控失灵；②磁控到升降光控和光控到主板连接线松动或插针氧化而接触不良；③升降光控损坏；④霍尔元件有问题；⑤电动机损坏；⑥主板有问题。

故障处理：①采用遮挡物将环境强光减弱；②重插或修复接插件；③更换升降光控；④修复或更换霍尔元件；⑤更换电动机；⑥更换主板。

若霍尔元件的小磁铁脱落或霍尔元件变形，就需要更换限位开关片；若磁控的霍尔元件离磁铁太远，则用工具将霍尔元件挑起，使其尽量靠近磁铁。

八、故障现象：八口麻将机吸牌轮不转

故障原因：①输送电动机接插件脱落；②输送电动机或电容损坏；③主吸牌轮上有异物使其卡死；④主吸牌轮的轴承损坏；⑤主板有问题。

故障处理：①重插或修复接插件；②更换电动机或电容；③清除主吸牌轮上的异物；④更换吸牌轮轴承或吸牌轮；⑤更换主板。

输送带缠绕主吸牌轮与输送电动机上的驱动轮；输送电动机的转动，使主吸牌轮一起转动。

九、故障现象：八口麻将机输送带不转

故障原因：①输送电动机接插件接触不良；②吸牌轮的轴承损坏；③输送电动机、电容损坏；④电动机传动部分有异物卡住；⑤主板有问题。

故障处理：①重插或修复接插件；②更换吸牌轮轴承；③更换输送电动机或电容；④清除异物；⑤更换主板。

输送电动机带动主吸牌轮转动，将麻将牌送入输送槽内，再由输送带（输送带在输送槽里）将牌送出输送系统，进入叠牌系统。

十、故障现象：八口麻将机还没有洗完牌，输送电动机就反转

故障原因：①计数光控有问题；②电动机接插件及与电脑板连接的接插件接触不良；③电动机损坏；④主板有问题。

故障处理：①更换计数光控；②重插或修复接插件；③更换电动机；④更换主板。

麻将机正常工作过程是：一方未完成上牌时，输送电动机带动主吸牌轮顺时针方向转动，将牌送入输送槽内；当一方上牌完成时，输送电动机带动主吸牌轮逆时针方向转动，将送入输送槽内的多余牌退回到洗牌系统内，未能完成上牌的一方继续上牌。

十一、故障现象：八口麻将机中心控制盘不停升降

故障原因：①升降磁控的霍尔元件与升降摇臂小磁铁间的距离太远；②小磁铁脱落；③升降磁控损坏；④中心控制盘控制线接触不良或线断开；⑤升降按键开关短路；⑥主板损坏（主要检查主板与线相连的下拉电子元件是否损坏）。

故障处理：①调整霍尔元件与小磁铁的间距；②取下磁控盘重新粘上小磁铁；③更换升降磁控；④修复或更换控制线；⑤更换升降按键开关；⑥更换主板。

霍尔元件组成的开关组、控制中心升降升至上终点或降至下终点，中心升降升到最高点与最低点均应停；若升降不停或无升降，则说明存在故障。

十二、故障现象：八口麻将机中心控制盘升降不升

故障原因：①接插件接触不良或损坏；②升降电动机损坏；③控制盘上升降按钮及按钮控制板排线损坏；④主板损坏。

故障处理：①修复或更换接插件；②更换升降电动机；③更换升降按钮或排线；④更换主板。

中心控制盘升不上或升不到位，一般检查升降拨杆或导向杆的位置，升降电动机及接插件。

十三、故障现象：八口麻将机按动按钮，骰子不转动

故障原因：①骰子电动机线已断或连接线路板处存在开焊；②电动机上面的小托盘位置不合适；③中心线路（一头插在操作盘上，另一头插在主板上，如图6-43所示）有问题；④骰子电动机损坏；⑤骰子按键损坏；⑥控制盘板有问题。

故障处理：①修复或更换电动机线、重焊线路板开焊点；②调整小托盘的位置；③修复或更换中心线路；④更换骰子电动机；⑤更换骰子按键；⑥更换控制盘板。

若控制盘不能升降又不能打骰子，则可能是线路损坏或者其他故障。

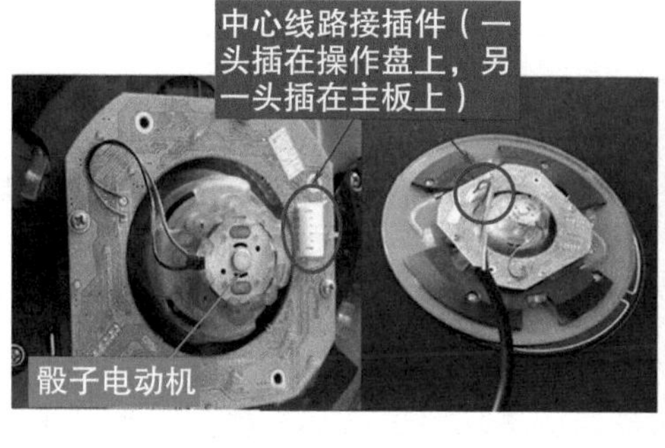

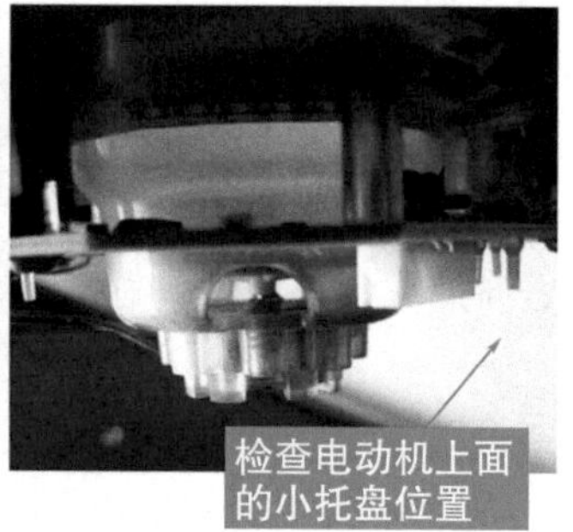

图6-43　相关部位实物

十四、故障现象：八口麻将机上牌速度慢

故障原因：①麻将牌本身有问题，如牌湿度太大、牌的磁性变差；②大盘下翻牌磁铁位置有问题；③吸牌轮磁铁磁性差；④输送槽有异物；⑤牌盘拨条掉落。相关部位如图6-44所示。

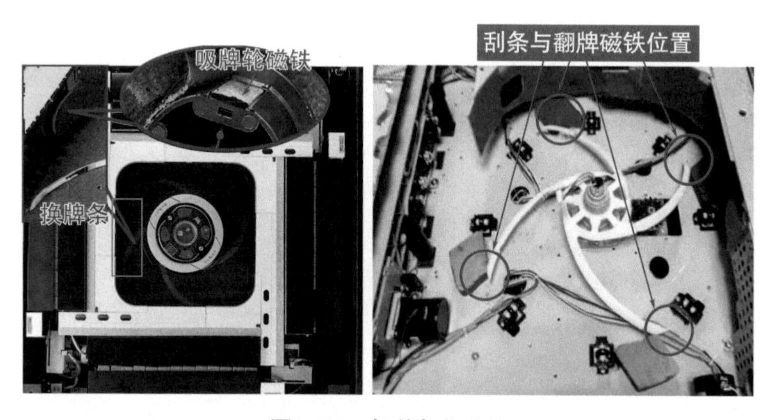

图6-44　相关部位实物

故障处理：①清洁麻将牌并用毛巾擦干或更换麻将牌；②调整大盘磁铁的位置；③更换吸牌轮；④清除异物；⑤更换拨牌条。

大盘下面的四块翻牌磁铁，它的磁性与麻将牌背面的磁性相反，使麻将牌翻成正面朝上；当正面朝上的麻将牌转到输送系统边缘时，被主吸牌轮吸住，送入输送系统。

十五、故障现象：八口麻将机洗牌过慢

故障原因：①拨牌弹簧已断；②拨牌牛筋条断了，碰不到牌；③麻将牌太脏或潮湿。

故障处理：①更换拨牌弹簧；②更换拨牌牛筋条；③清洁麻将牌并将牌擦干。

更换牛筋条的步骤：第一步拆掉麻将机一边的外边框→第二步拆下上牌组件→第三步拆下输送组件→第四步从大盘上方将旧牛筋条下推后卸下→第五步将新牛筋条从大盘底部往上穿，并卡牢即可。

第七章 全自动麻将机维护保养

第一节 日常养护

一、麻将机的安装与摆放

① 安装麻将机时，桌面要与地面平行，不可过度倾斜。

② 麻将机宜摆放在干燥、通风、阴凉的房间，不要阳光直接照射，并远离酸、碱性溶剂存储的位置。

③ 搬运麻将机时要轻拿轻放，包裹好才搬运。最好能够固定在一个地方，不要轻易移动，以免损坏机架和面板。

④ 摆放麻将机的房间尽量保持通风、干燥，避免麻将牌和大盘绒布潮湿。如果麻将机、麻将牌潮湿了，一定要用电吹风吹干，否则会出现不上牌的故障。

⑤ 在机器里勿将与机器无关的东西扔到机器内部，如筹码、扑克牌、打火机、烟头等，以免机器发生不必要故障；如有物品不慎掉入机器内部，则立即关闭麻将机电源，清理异物。

二、麻将机的日常保养

① 定期清洗麻将牌，保持麻将牌的干燥、光滑和洁净，使用护理清洁剂擦洗、晾干后才能使用。

② 随时清理麻将机的桌面绒布，用硬毛刷轻扫桌面绒布，用湿毛巾将灰尘擦拭干净，桌面不得有水有油。

③ 自动麻将机牌应保持干净、光滑，使用后也可用护理喷蜡进行擦洗和护理。

④ 定期清理麻将机机内的异物和灰尘，特别要清理光控、磁控等重要部位。

⑤ 麻将机的齿轮、滑块、滑动轴等运转部位要定期加注润滑油。

⑥ 使用过程中不要随意地按动电源开关，以免发生麻将机错牌或控制程序异常故障。

三、日常保养注意事项

① 不要在麻将牌上涂抹粉类、油类、着色类物品，不得弄脏麻将牌。

② 进行麻将机保养时，不要将手伸入大盘内部，以免划伤手指。

③ 麻将机在工作时，不得掀开桌面，以免造成意外伤害；进行日常保养时，应拔掉麻将机电源插头，以免触电。

④ 通电情况下时行局部保养，不得将手伸入机器内部任何地方，以免触电或机构突然动作时，伤害身体。

⑤ 麻将牌不要让小孩玩耍，以免受伤害或误吞食。

⑥ 在娱乐活动结束后，请将所有的麻将牌都升至桌面上，放入牌盒中存放。麻将牌应远离强磁场放置，最好不要长时间留在机内。

⑦ 麻将机存放时一定要切断电源。

第二节　专项保养

① 检查麻将机电源和电动机的各接插处是否存在松动，是否存在故障隐患，定期进行消毒处理。

② 定期检查麻将机内部线路是否老化，定期擦拭计数传感器上的尘埃，避免因灰尘造成传感器失灵。

③ 定期检查与测试麻将机各部件是否运转顺畅，大盘运转、输送电动机、升降管的升降、推牌滑座、上牌电动机等是否运转正常。

④ 通过开机洗牌，检查各光控是否正常，是否存在故障隐患并及时消除。

⑤ 检查麻将牌的磁性是否减弱、吸牌轮的磁铁是否减弱、输送系统是否卡牌等。

7-1定期对麻将机洗牌池吸尘

⑥ 定期检查麻将机电动机内部的齿轮是否缺油，应定期加注凡士林。

⑦ 定期对麻将机洗牌池吸尘，操作可以扫码看视频。

⑧ 麻将机桌面绒布使用一定时间后，若出现脱毛、脱皮现象，应定期更换绒布。

附　录

附录一　麻将机选购参考

麻将机的品牌和牌类较多，在选购麻将机的时候不仅要考虑到麻将机的品牌、种类、样式和价格，还要具体地看一下麻将机的材质、操控、环保和售后服务。下面介绍如何选购麻将机。

1. 品牌的选购

麻将机的品牌有很多，选购时要选那些有知名度的品牌、有历史的品牌，还要选购那些有信誉度且有口碑的品牌。

2. 种类选购

麻将机有单口机、四口机、八口机和过山车等多种，消费者应根据自己的需求选购不同的种类。目前市面上四口机较多，也是性能相对稳定的产品。对于普通消费者来说，选购四口麻将机性价比较高；对于高端消费者来说，可选购过山车和八口机。

3. 样式的选购

麻将机的样式也有很多，麻将机的外观有不同颜色的，选购时应考虑麻将机与家具的整体色彩搭配，不要使麻将机的颜色显得过于突出，色调和谐搭配才是最好。另外，麻将机的底座有独脚式的、老虎凳式的、四条腿式的，还有与餐桌二合一，消费者应根据自己的个性要求进行选购。

4. 价格的选购

价格选购是最容易的，一分钱一分货，质优必定高价，但高价不一定质优。消费者应根据自己的预算进行选购，一般情况下，选购时要考虑性价比。

5. 材质的选购

材质选购是最关键的环节，主要看麻将机内部的机芯、电动机和驱动轮等的材质。材质有铜材的、塑料的，塑料又有全新塑料和回收塑料的。当然是选购全新塑料的最好。铜材的要注意区分是全铜的还是镀铜的，区别的方法是用尖物划破一点点就能看到。全新塑料的检验方法是：用锋利的刀片能划下细细而均匀的一段长条，则说明是全新的塑料，若是不均匀的碎末，则说明是回收的旧塑料做的。当然还要考虑材质的厚度，越厚越耐用。

外框是全实木的最耐用，可抬一下整个麻将机的重量和晃动整机麻将桌，如果比较轻且晃动，则说明材质可能不达标。另外还要检查各种材质的做工是否毛糙、边角是否光滑、金属件的切口是否平整。

还要检查麻将牌的材质，自动麻将机里的麻将牌中间有磁片，是有磁性的，要注意检查麻将牌的磁性、抛光、刻字是否良好。

另外，麻将桌在组装后接缝之间应紧密，好的麻将桌接缝紧密不伤手，若存在伤手现象，则说明该麻将机做工不精细。

6. 操控性的选购

麻将机的操控大多在中心控制板上完成，所以新型麻将机将中心控制板做得更加精致、漂亮，操作更方便。操控选购主要看操作的方便性和耐用性，检查各按键的弹性是否良好，印刷标记是否清晰。

7. 环保性的选购

环保性主要检查麻将桌的用材是否环保，包括桌面的绒布、外框用料、机件用漆等，可通过细闻麻将机的气味检查。环保麻将机应无异味，若有明显的异味，则说明该麻将机可能不环保，使用后对身体有害。

麻将机的洗牌声音也是环保的一方面，麻将机扰民也是不环保的一种表现。无论是家用还是开麻将室，要想健康快乐地娱乐，一定要挑选一台声音小的麻将机。

8. 售后的选购

售后的选购就是在购买麻将机的时候一定要问清楚各个部件的保修期和当地的售后门店地址，要尽量选购大品牌且售后较好的麻将机生产厂家。跟家用电器一样，有些大品牌麻将机还有各种认证标准，选购认证标准高且全的全自动麻将机最可靠。

附录二　麻将机维修资料参考

一、单口麻将机故障报警表

<table>
<tr><th>指示灯显示内容</th><th>故障部位</th><th>备注</th></tr>
<tr><td>●○○○○（一个绿灯）</td><td>检查是否缺牌，S1看牌光控是否开路，S6堵牌光控是否短路，S2大小叶片传感器是否开路，大盘电动机是否有问题</td><td rowspan="9">电脑板通过传感器信号的改变，监测每个电动机的动作，对发生的故障都能迅速定位报警，报警时复位指示灯和4个庄灯闪烁，5个连庄灯指示故障码</td></tr>
<tr><td>●●○○○（两个绿灯）</td><td>检查S5等待传感器是否短路，链条电动机是否有问题</td></tr>
<tr><td>●●●○○（三个绿灯）</td><td>检查四方升牌微动开关或光控是否有问题，四方升牌时是否卡住了链条杆，四方升牌电动机是否有问题</td></tr>
<tr><td>●●●●○（四个绿灯）</td><td>检查推牌器推牌时是否卡牌，推牌器大小叶片传感器是否有问题</td></tr>
<tr><td>○○○○★（一个红灯）</td><td>检查S4复位传感器是否开路，链条电动机是否有问题</td></tr>
<tr><td>●○○○★（一个绿灯和一个红灯）</td><td>检查S5等待传感器是否开路，链条电动机是否有问题</td></tr>
<tr><td>●●○○★（两个绿灯和一个红灯）</td><td>检查推牌器平移叶片传感器是否有问题，S3槽型光控是否有问题使推牌器推牌时S3不读数卡牌，S1看牌光控有问题，链条电动机是否开路使机头卡牌，机头电动机是否有问题</td></tr>
<tr><td>●●●○★（三个绿灯和一个红灯）</td><td>检查骰子盘上下位传感器是否良好，骰子盘升降电动机是否有问题</td></tr>
<tr><td>●●●●★（四个绿灯和一个红灯）</td><td>检查S4复位传感器是否短路，链条电动机在S4处是否开路</td></tr>
</table>

二、普通麻将机数码管显示代码

<table>
<tr><th>显示代码</th><th>故障部位</th><th>故障排查</th><th>备注</th></tr>
<tr><td>0</td><td>中心升降杆故障</td><td>若托盘不动，则检查中心升降杆电动机线是否虚脱、断线或中心升降杆电动机损坏；若托盘一直升降不停，则检查中心升降杆光控（S7）是否损坏、位置安装是否不当、S7光控线路是否虚接或断线，电路板是否有问题</td><td rowspan="5">听到连续10声蜂鸣的短促鸣响，机器停止运行，四方庄位灯同时闪烁时，机器发生故障，可根据数码管的显示值判断机器故障点</td></tr>
<tr><td>1</td><td>长时间不上牌故障</td><td>检查是否少牌或最后一个牌上不了，看牌光控S12是否损坏或其线路是否存在接触不良、断线，电路板是否有问题</td></tr>
<tr><td>3</td><td>四方叠牌电动机故障</td><td>检查是否卡牌、叠牌光控S13是否损坏或线路存在接触不良或断线，S12光控线是否接触不良或断线，叠牌电动机接插件是否不良、断线，电路板是否有问题</td></tr>
<tr><td>4</td><td>四方升牌电动机故障</td><td>若一方牌不动，则检查四方升牌电动机接插件是否接触不良、断线，升牌电动机是否损坏；若一方升牌电动机一直转个不停，则检查该方升牌光控S12是否损坏、S12光控线接触是否不良或断线，电路板是否有问题</td></tr>
<tr><td>7</td><td>电压过低或电路板故障</td><td>检查用户用电和电路板</td></tr>
</table>

三、四口麻将机数码显示故障报警表

数码显示代码	代码含义	故障部位	备注
2	07机构（操作盘升降机构）有问题	①操作盘不停升降，检查07磁控是否损坏、凸轮磁钢是否脱落或退磁、07磁控到主板接插件是否良好、主板是否有问题；②操作盘不升降，检查07电动机及其到主板接插件是否良好、主板是否有故障；③整机无反应，检查变压器及主板是否有问题	当机器出现故障时，四方坐庄灯闪亮，数码显示盘上显示的数字即为故障代码
3	01机构（机头电机）有问题	①推牌头不停推牌，检查S23（计数）磁控是否损坏、凸轮磁钢是否脱落或磁性减弱、S23光控到S1光控连接线和S1光控到主板连接线是否断路或接插件不良、主板是否有问题；②推牌头不推牌，检查 S1光控与S23（计数）磁控是否损坏、推牌电动机及其与主板的接插件是否良好、主板是否有问题；③推单张，检查输送带出牌口是否太紧、S1（机头）光控是否有问题、S23（计数）磁控是否良好、01（推牌）电动机是否有问题、主板是否有问题；④最后一张牌在承牌座上不推，检查牌是否太脏、S1光控是否太弱或损坏	
4	03机构（四方升牌）有问题	①03承牌板不停升降，检查03磁控是否损坏、开关轮磁钢是否脱落或退磁、03磁控到S1光控和S1光控到主板连接线是否良好、主板是否有问题；②03承牌板升不起来，检查03电动机是否损坏、03电动机到主板连接线路及接插件是否良好、主板是否有问题	
1或6	主板、变压器有问题	检查220V输入电压是否太低、变压器是否损坏、主板是否有问题	

四、麻将机通用故障报警表

显示内容		故障部位
指示灯式	数码式	
○○○○●	–1	缺牌或大盘电动机或机头计数器故障
○○○●●	–2	中心升降电动机或传感器故障
○○●●●	–3	机头电动机或传感器故障
○●●●●	–4	升牌电动机或传感器故障